LES MÉLÉAGRINICOLES

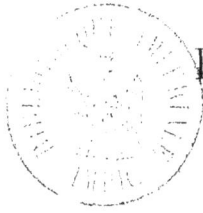

ESPÈCES NOUVELLES

PAR

L. DE FOLIN

HAVRE

IMPRIMERIE LEPELLETIER

1867

LES MÉLÉAGRINICOLES

ESPÈCES NOUVELLES

A LA SOCIÉTÉ HAVRAISE D'ÉTUDES DIVERSES,

A MM. DESHAYES ET A. MORELET.

Parmi les nombreuses espèces de mollusques que nous ont
procuré nos recherches sur la perforation des Méléagrines et
que nous avons réunies sous la dénomination de Méléagrinicoles, plusieurs se sont trouvées nouvelles. Nous avions
espéré que l'éminent savant, qui a consenti si gracieusement
à dresser le premier catalogue de cette intéressante collection,
nous donnerait aussi les diagnoses de ces dernières, et nous
l'en avions pressé vivement; mais avec une bienveillance
extrême, il s'est efforcé de nous prouver que nous pouvions
nous mêmes remplir cette tâche, et pour nous enlever toute
hésitation, il nous a prodigué les plus affectueuses leçons.
C'est à cette source, ainsi qu'aux bons conseils de notre cher
ami Arthur Morelet, que nous avons puisé l'initiation. Puisse
le public, que ce genre de travaux intéresse, accueillir le nôtre
avec indulgence, et puissent nos chers maîtres y voir une marque de notre sincère reconnaissance. En plaçant aussi ce travail sous le patronage de la Société Havraise d'études diver-

ses, nous avons voulu remercier cette savante compagnie de la bienveillance avec laquelle elle nous a admis dans son sein.

Avant d'entamer la description des mollusques méléagrinicoles, qui constituent de nouvelles espèces pour la science, nous présenterons quelques observations préliminaires, qui compléteront les renseignements que nous avons précédemment donnés sur le même sujet, dans une note publiée dans les actes de la Société Linnéenne de Bordeaux.

Indépendamment du travail de perforation exécuté par certains de ces animaux, ils en accomplissent un autre que nous avons observé fréquemment. Ce travail tout à fait contraire au premier, puisqu'il s'agit d'une œuvre de production qui s'effectue dans les parties ayant d'abord été détruites, fait naître le plus grand étonnement. En effet, il se manifeste souvent dans des circonstances exceptionnelles, et l'on peut admirer comment un être, dont les facultés semblent aussi bornées, peut les appliquer cependant à la restauration de sa demeure, endommagée par accident, en y pratiquant une soudure ou en y ajoutant une pièce supplémentaire selon le besoin. Il semblerait, au premier abord, que la destruction du mollusque doit être une conséquence fatale de l'accident, et cependant il n'en est pas ainsi; car, outre la faculté de se creuser une demeure dans un corps dur, il jouit encore de celle d'en construire une semblable par voie de sécrétion; lorsque la première se trouve détruite ; de la réparer en cas d'avarie, et de l'approprier enfin aux besoins successifs de son existence. Toutes ces productions, pour ainsi dire extra-normales, ont beaucoup plus de solidité que le test.

Nous avons parlé, dans la note antérieure, de rencontres fréquentes observées chez des modioles méléagrinicoles dans leur trajet, rencontres toujours funestes à l'un des deux mollusques dont elles terminent l'existence. Dans ces circonstances, la galerie du vaincu laisse subsister un vide dans celle du vainqueur, et ce vide devient encore plus incommode quand le travail que poursuit ce dernier l'a conduit à traverser de part en part la demeure du mort. Mais cet inconvénient trouve bientôt son remède; une cloison soudée aux bords de l'ouverture remplace la paroi perforée. Notons ici, qu'en pareille occurence, là lutte n'est pas égale entre les deux mollusques; c'est toujours l'animal qui présente le flanc qui succombe. En effet, la perforation s'opérant par l'extrémité antérieure de la coquille, on conçoit que dans cette position relative, l'un des deux êtres ne peut opposer aucun moyen de résistance. Ces résultats que nous avons toujours constatés peuvent servir à corroborer l'opinion précédemment émise sur le rôle que joue dans la perforation l'extrémité antérieure des valves.

Mais ces cloisonnements à l'occasion d'une rencontre ne sont pas les seuls travaux du même genre auxquels se livrent les mollusques méléagrinicoles. Nous avons trouvé des habitations complètement rétablies par voie de sécrétion, quand les parois détruites par accident laissaient l'animal trop au large. Il semblerait, d'après cette observation, que certaines espèces éprouvent le besoin d'être plus étroitement enfermées, et de sentir, par le contact, la muraille qui les abrite. Nous avons sous les yeux un remarquable exemple de reconstruction entière. Une large excavation dans le test d'une méléagrine avait conduit le mollusque de celle-ci à pratiquer une soudure vésiculeuse dans les couches internes de sa coquille. Entre cette soudure et les couches extérieures se trouva un vide considérable. Au point où l'excavation existait, s'était logé un *modiolus caudigerus*, que le travail de la méléagrine ne satisfit point, l'espace qui l'entourait demeurant vraisemblablement trop large et le mettant ainsi trop à l'aise; mais il sut y porter remède en construisant lui-même une enveloppe épaisse qu'il modela sur sa coquille et qu'il appuya sur la paroi qui avoisinait la communication avec le dehors, ne laissant subsister qu'un très leger intervalle entre son propre test et la paroi intérieure de son habitation nouvelle.

Les modioles effectuent un travail analogue, équivalant à

une construction presque complète, dans d'autres circonstances et particulièrement quand les alentours de leurs habitations sont envahis par les *vioa* dont les excavations sans
nombre finissent par constituer une sorte de carie pour la
méléagrine. Dans ce cas, le modiole répare pour son propre
compte la demeure de son hôte, et entame une lutte avec
les *vioa* qui finissent cependant le plus ordinairement par le
pénétrer.

Dans presque toutes les perforations, mais surtout dans
celles qui proviennent d'individus dont l'âge paraît être
avancé, on remarque un allongement du tube, et la portion
qui communique avec le dehors est revêtue d'une couche de
sécrétion. Ces allongements sont plus fréquents chez les gastrochènes et ils atteignent parfois une longueur quatre à cinq
fois égale à celle de la coquille; en outre ils présentent, sur
une certaine portion de leur étendue, une sorte de réseau formé de lames saillantes. Les couches de sécrétion qui garnissent
les tubes formant l'extrémité externe des perforations offrent,
suivant les espèces, quelques modifications dans leurs formes, et sont en conséquence appropriées aux organes du
mollusque. Ainsi l'ouverture par laquelle le *Gastrochœna
denticulata* communique avec le dehors est simple, évasée, et
s'épanouit sur la valve de la méléagrine où la sécrétion forme
une légère callosité; tandis que celle du *Gastrochœna Folini* est
double, le tube chez cette espèce étant divisé en deux parties
par une arète. Cette arète s'élève au-dessus de la surface du
tube suivant deux arcs qui se rapprochent et se réunissent à
son sommet, ce qui donne une forme arrondie à chacune des
portions du tube qu'elle divise et dans lequel évidemment
doivent agir deux siphons. Il en est de même pour le *modiolus caudigerus*; la section de l'ouverture chez l'une et l'autre
espèce, présente la figure d'un huit non fermé 8

Nous citerons encore quelques individus du genre pholade
qui nous ont présenté un travail remarquable, d'une grande
régularité, garnissant presqu'entièrement les parois de leur
perforation, et d'une épaisseur notable. Ces sécrétions, mou-

lées sur les excavations qu'elles revêtent, ont la forme de cônes très allongés, tronqués près du sommet pour laisser une ouverture libre ; leur épaisseur s'amoindrit vers la base, et la partie sphérique qui constitue le fond de la perforation est à nu ; le trajet est en direction opposée avec les couches de la méléagrine. C'est ainsi qu'en brisant celle-ci, le tube construit par la pholade demeure intact ; on peut le comparer à la cheminée d'une verrerie qu'il reproduit exactement en miniature. Nous conservons un fragment de méléagrine où l'on remarque sur un espace moindre de deux centimètres, quatre perforations de pholades présentant ce genre de travail.

Les sécrétions dont il s'agit diffèrent sensiblement de celles qui constituent le test des mêmes mollusques ; en général, elles sont d'un gris pâle tirant un peu sur le verdâtre, empâtées et grenues. Mais ce qui est surtout digne de remarque, c'est que les appendices dont sont pourvues les modioles (*caudigera*, *appendiculata* et *attenuata* en particulier) paraissent être le résultat d'une formation identique. De cette remarque on peut tirer une induction sur l'usage de ces parties accessoires qui diffèrent de la coquille sur laquelle elles viennent se souder, et conclure qu'elles doivent, comme le tube qui garnit les parois de la perforation, servir à diriger et à protéger les organes qui communiquent avec le dehors.

Avant de terminer ces observations préliminaires, nous reviendrons encore sur l'opinion que nous avons précédemment émise, que le travail perforateur des mollusques méléagrinicoles n'est pas le résultat d'une simple action mécanique.

Effectivement, si nous examinons le travail des gastrochènes, par exemple, et si nous prenons un de ces mollusques à son premier âge, nous le trouverons dans une cavité simple et en rapport à peu près exact avec ses dimensions. Tous les individus que l'on observera à cette première période de leur existence se montreront dans des conditions identiques. Passant à l'examen des adultes, nous verrons que la perforation s'est prolongée; elle est devenue trois ou quatre fois, cinq fois peut-être, aussi longue que la coquille, et un espace plus large, arrondi vers le fond, a été ménagé pour loger commodément celle-ci; le reste forme un tube qui s'amincit légèrement jusqu'à l'orifice dont les dimensions sont beaucoup plus grandes que celles que pouvait avoir la cavité du jeune âge. Le mollusque s'est donc éloigné peu à peu de cet orifice, sans que sa taille, toujours croissante, ait pu lui permettre de reporter sa coquille en arrière pour en élargir les parois.

Si on l'observe à la dernière période de son développement, on le trouvera fort éloigné de ses premiers travaux; sa taille ne lui permet plus d'en approcher; sa coquille se trouve confinée dans la cavité inférieure de la perforation sans avoir la faculté d'en bouger. Cependant le tube qui la garnit d'un bout à l'autre, qui s'est beaucoup allongé et élargi, qui parfois s'est recourbé ainsi que nous l'avons dit et que nous le figurons (Plan. 1, fig. 12); subit encore quelques modifications indépendantes de cette augmentation en capacité. Il est bien évident qu'il a servi d'abord d'habitation au gastrochène; que peu à peu celui-ci l'a agrandi, jusqu'au moment où, parvenu au terme de sa croissance, il a dû l'achever complètement. Il a donc fallu qu'il en augmentât le diamètre sans que sa coquille ait quitté la cavité inférieure où elle était fixée. Celle-ci n'a donc pu participer en rien aux dernières modifications qui convenaient à son existence désormais invariable; agrandissement du tube d'une part, revêtement des parois, établissement d'un réseau de lames saillantes, d'autre part; mais alors seulement que le tube a reçu ses dimensions définitives. Dans ces conditions, l'agrandissement ne peut plus être le résultat d'un travail de la coquille; le mollusque seul a pu y participer, et dès lors peut-on l'attribuer à une simple action mécanique ? (1)

(1) Nous ignorions quand nous rédigions ceci, que M. Deshayes avait d'une façon péremptoire décidé cette intéressante question en décou-

De telles recherches exigent certainement une étude prolongée pour en fixer tous les points d'une façon précise. Mais
entrer dans plus de développements serait sortir du cadre
que nous nous sommes tracé, et rentrant dans notre étude spé-
ciale nous nous bornons à ce qui précède. Il faut cependant
que nous disions encore que les méléagrines qui ont été soumises à nos recherches proviennent de deux sources, toutes
deux de l'Océan pacifique ; les unes ont été pêchées aux environs des Negritos, ce sont les moins riches en méléagrinicoles ;
les autres ont été prises autour des îles aux Perles, dans la
baie de Panama.

---

vrant l'organe sécréteur du liquide dissolvant qui vient en aide au travail.
Nous pensons néanmoins que nos observations peuvent présenter quelque intérêt et nous les conservons.

LES MÉLÉAGRINICOLES.

On pourrait critiquer la dénomination de méléagrinicoles, que nous avons donnée aux espèces que nous décrivons sous ce titre. Nous croyons donc nécessaire de déclarer que nous avons seulement voulu caractériser les circonstances particulières dans lesquelles ces espèces furent découvertes. Sans aucun doute la plupart, si ce n'est toutes, n'habitent pas seulement la méléagrine et au milieu des adhérences de celle-ci. Mais c'est là qu'elles ont été trouvées pour la première fois ; et il ne nous semble pas qu'en leur assignant une épithète qui signale ce fait, assez important, nous assumions sur elles cette conséquence qu'elles ne peuvent rentrer dans des catégories qui leur sont peut-être plus naturelles.

I. — Gastrochœna denticulata. Deshayes.

Proceed. Zool. Soc. Lond.

Pl. I, fig. 1 — 4.

Cette espèce n'ayant pas encore été figurée, nous la représentons la première, comme une des plus belles et des plus intéressantes, du reste elle occupe déjà ce rang dans le catalogue des genres méléagrinicoles dressé par M. Deshayes. L'espèce qui suit a été aussi décrite par cet auteur qui, à cet effet, a rédigé l'article ci-après :

II. — Gastrochoena Folini. Deshayes.

Pl. I, fig. 6 — 11.

G. *Tubulo angusto, prœlongo, sensim attenuato, elevato, corporibus alienis immerso, intus, medio transversim irregulariter rugoso.*

Testa ovato-oblonga, spathulata, depressiuscula, antice atte-nuata, posterius obtuse truncata tenui, fragili, albida, epider-mide griseo-fulvo vestita, longitudinaliner striato-rugosa, hiatu maximo, fere totam altitudinem testœ œquante, antice inferumque aperta, umbonibus minimis, approximatis antice inflexis ; latere antico brevissimo ; margine cardinali angus-to, intus calloso, callo irregulari, plus minusve dilatato.

Var. β. testa minore angustiore, callo cardinali maximo.

Il nous a paru équitable de témoigner à M. de Folin tout l'intérêt qui s'attache à ses patientes recherches en donnant son nom à l'une des plus intéressantes espèces qu'il a dé-couvertes.

Le *Gastrochœna Folini* se distingue assez facilement parmi ses congénères ; il est plus étroit, plus comprimé que la plu-part d'entr'eux. Les valves sont oblongues, rétrécies en avant, dilatées en arrière, ce qui les rend spatuliformes, obtusément tronquées de ce côté ; leur surface est couverte de stries su-blamelleuses assez régulières dans le jeune âge, beaucoup moins dans les vieux individus où elles se transforment en rides irrégulières. Les valves étant réunies, montrent en avant et en bas une grande ouverture presque aussi longue que toute la coquille ; et qui s'atténue lentement en arrière. Les bords des valves sont simples, assez épais ; les crochets peu proéminents s'inclinent en avant, se rapprochent mais ne se touchent pas. Le côté antérieur est très court. La charnière simple et étroite porte en dedans et jusque dans la cavité des crochets une callosité assez mince, dilatée, mais irrégulière dans le même individu, la callosité d'une valve n'étant pas absolument semblable à celle de l'autre.

Nous avons indiqué une variété dans laquelle cette callosité a pris un développement plus considérable.

Les plus grands individus ont 17 millimètres de long et 8 de large.

III. — GASTROCHŒNA DISTINCTA.

Pl. I, fig. 13 — 16.

Testa ovato-oblonga, turgida, tenui, alba, minute et satis regulariter striato-lamellosa, hiatu magno, subcordato, obliquo antice inferneque aperta, linea laterali troncaturæ antice concaviuscula, postice convexa, cuneiformi ; truncatura testæ 1/4 longitudinis æquante ; umbonibus tumidulis, brevibus, contiguis ; latere antico brevi ; cardine simplici.

Alti. 0^m,011. Lati. 0^m,005. Diam. 0^m,0055.

Les individus de cette espèce que nous avons trouvés jusjusqu'ici sont d'une taille inférieure aux autres méléagrinicoles du même genre, car le plus grand d'entre eux ne mesure que onze millimètres. Elle se distingue par sa couleur d'un blanc mat, la finesse et la transparence de la coquille qui est surtout sensible dans les intervalles que laissent entre elles de larges stries lamelleuses assez régulières et profondes. Ces stries sont festonnées près du bord antérieur de la coquille qui se réfléchit légèrement en dehors, le long de l'entrebaillement large et presque cordiforme des valves. Cette réflexion des bords, plus sensible au point de jonction antérieur des mêmes valves, produit à l'intérieur un renflement calleux qui s'épanouit en s'arrondissant en avant et se prolonge postérieurement le long des bords. Ceux-ci prennent en arrière une forme convexe, tandis qu'ils sont faiblement échancrés antérieurement.

IV. — Pholas contracta.

Nous mentionnerons, pour mémoire seulement, cette curieuse espèce, par la raison que nous n'avons encore pu nous en procurer qu'un seul individu endommagé par l'extraction. Nous attendrons, pour en donner une bonne diagnose, que nos recherches nous aient fourni quelques autres spécimens.

V. — Saxicava initialis.

Pl. II, fig. 1 — 3.

Testa subæquivalvi, angusta, depressiuscula, alba, cretacæa ; transversim inæqualiter striato-rugosa ; latere antico brevissimo, rotundato ; postico latiore obtuse truncato ; margine inferiore fornicatim reflexo, anguste hiante ; angulo ab umbone ad angulum posticum decurrente, intus profunde impresso ; umbonibus acutis, paulo prominentibus ligamento breviusculo ; marginibus simplicibus ; cardine crassiusculo, unidentato ; in altera valvula inæqualiter bidentato.

Altit. $0^m,018$. *Latit.* $0^m,0085$. *Diam.* $0^m,005$.

Le *saxicava initialis* est une coquille allongée très inéquilatérale, plus large dans sa partie postérieure qu'antérieurement, de couleur blanche, son aspect est crayeux, caractère particulièrement sensible sur les points de la surface qui ont perdu le léger épiderme fauve dont ils étaient revêtus. Elle est striée d'une manière inégale ; les stries concentriques qui accidentent la surface externe des valves, sont elles-mêmes très irrégulières et quelquefois rugueuses. Ces stries se contournent sur un angle décurrent, qui part du sommet et qui vient aboutir sur le bord postérieur, vers la partie inférieure de la coquille. La trace de cet angle est visible à l'intérieur des valves, et quelquefois il fait subir au bord sur lequel il se termine, une sorte de pincement. On remarque également au-dedans quelques sillons qui sont dûs à la pénétration des

stries les plus vigoureuses. Les bords postérieurs demeurent
légèrement baillants. La valve gauche est un peu plus grande
que celle de droite. Sans former d'angle aigu comme dans
d'autres espèces, les bords postérieurs s'arrondissent et s'é-
paississent légèrement pour donner naissance à la charnière.
Les sommets sont proéminents, opposés, tant soit peu aigus.
Les empreintes musculaires et palléales sont fort peu marquées.

Nous avons donné les dimensions du plus grand individu
recueilli.

VI. — Saxicava acuta.

Pl. II, fig. 4 — 6.

*Testa paulò elongata, valde inæquilaterali, inæquivalvi
depressa ; alba cretacea; transversim inæqualiter striato-rugosa ; latere antico ab umbonibus ad inferiorem marginem su-
biter currente, postico angustiore ferè acuto ; angulo decurrente vix expresso ; umbonibus acutis, prominentibus ; ligamento breviusculo ; antico margine reflexo, postico et inferiore simplicibus, cardine crassiusculo.*

Long. 0^m,006. Lat. 0^m,0035.

Cette seconde espèce de saxicave est des plus remarquables.
Un peu allongée, elle est déprimée, inéquivalve, inéquilatérale,
les bords antérieurs s'échappant presque à angle droit, à partir des sommets, pour aller rejoindre la partie inférieure des
valves, en sorte que la coquille a sa plus grande largeur pré-
cisément sur la ligne qui réunit les bords antérieurs et inférieurs. A partir de ce point, le bord inférieur s'incline pour
rejoindre le postérieur, ce qui fait que la coquille devient
presque aiguë dans sa partie postérieure. Elle est inégalement
striée, blanche, un peu crayeuse, beaucoup moins cependant
que l'*initialis*. Les stries se contournent sans arrêt sur l'angle décurrent, qui est pour ainsi dire nul, et dont la trace se
trouve extrêmement rapprochée du bord postérieur. Elles ne

laissent aucune impression percer au-dedans des valves ; ces parties intérieures sont lisses et c'est avec difficulté que l'on peut y distinguer les empreintes musculaires. Les bords postérieurs sont à peine baillants, les deux valves se rejoignant presque parfaitement. Sur cette espèce c'est la valve gauche qui est plus grande que la droite. Le bord antérieur se réfléchit un peu, les autres sont simples, le ligament extérieur est court ; les sommets sont proéminents, opposés, aigus.

VII. — SPHENIA FRAGILIS. CARPENTER.

Carpenter. Catal. of the Reigen coll. of mazatlan mollusca, p. 24

Pl. II, fig. 7 — 9.

Cette espèce n'ayant pas été figurée par Carpenter, nous avons pensé qu'il était utile de combler cette lacune, d'autant plus que l'espèce étant très-voisine du *Sphenia Benghami*, il est difficile d'apprécier, par une simple description, les caractères différentiels qui les séparent.

VIII. — SPHENIA PACIFICENSIS.

Pl. II, fig. 10 — 11.

Testa ovato-elongata, paulo inæquilaterali, valde inæquivalvi, albula, semitranslucida ; strigis transversis, concentricis fere regularibus ornata ; postico latere antico angustiori, epidermide levi induto, super strigas sinuato ; umbonibus magnis acutis, ab umbone angulo obtuso decurrente, postico truncato hiante.

Alti. 0ᵐ,008. *Lat.* 0ᵐ,0045. *Diam.* 0ᵐ,002.

Cette espèce est comme celle qui précède, une coquille de forme transverse allongée ; elle diffère cependant du

Sphenia fragilis sur plusieurs points. D'abord les sommets
se rapprochent beaucoup plus du milieu des valves que
de leur extrémité antérieure, ce qui n'a pas lieu chez le
fragilis. La coquille n'est point ventrue près des sommets
comme celle-ci. Sa forme, au contraire, est atténuée sur
presque toute son étendue, un seul petit renflement se
laisse apercevoir vers le corselet. Elle ne s'élargit pas non
plus dans la partie antérieure ainsi que cela a lieu chez
la première, ses bords inférieurs tombent presque droits
vers la troncature qui est garnie d'un épiderme beaucoup
moins épais, et qui paraît ne pas se prolonger aussi loin
au dehors. Un très léger angle décurrent partant des
sommets vient rejoindre à peu près l'angle externe de la
troncature qui est moins tranchée que dans l'espèce précédente. Les stries sont un peu plus régulières, plus vivement
accusées en saillie et en épaisseur, elles laissent entre elles
des sillons plus profonds qui s'impriment à l'intérieur des
valves. Le *Sphenia pacificensis* est aussi plus épais, moins
fragile, moins translucide ; ses crochets sont aigus, la charnière est la même que celle du *fragilis*. Les empreintes
musculaires sont un peu allongées, l'empreinte palléale
rejoint la postérieure en décrivant un sinus assez aigu, le
tout au reste est peu prononcé.

IX. — Cumingia Moulinsii.

Pl. II, fig. 12 — 15.

*Testa ovata, depressa, subæquilaterali, subtranslucida,
lactea ; lamellis validis, distantibus, æqualibus, ad umbones
ranescentibus, antice posticeque prominentibus ; inter lamel-
las strigis longitudinalibus regulariter ornata ; latere antico
rotundato, postico superne declivi, extremitate angustiusculo ;
umbonibus minimis, acutis, oppositis ; marginibus incrassatis, cicatriculis muscularibus magnis, inæqualibus, paulò exca-
ratis, subduplicibus ; cardine crasso ; dentibus lateralibus*

magnis, oblique prominentibus; fossula ligamenti magna pautulum obliqua.

Alt. 0^m,008. *Lat.* 0^m,005. *Diam.* 0^m,004.

Nous dédions cette charmante Méléagrinicole à l'éminent président de la Société Linnéenne de Bordeaux, M. Charles des Moulins, et nous espérons qu'il voudra bien agréer cet hommage comme une marque particulière de notre estime et de notre gratitude. La *Cumingia Moulinsii* est une coquille de forme presqu'ovale, bien que nous l'ayons rencontrée quelquefois considérablement déformée par suite de son accroissement dans un espace où elle était gênée. Elle est déprimée par suite d'angles très-émoussés vers son extrémité postérieure, et paraît presque tronquée; elle est plus large antérieurement que postérieurement. Presqu'équilatérale, les deux valves se rejoignent partout, si ce n'est en avant où un tres-faible baillement s'aperçoit plus ou moins. De couleur blanche un peu diaphane, elle est ornée de lames concentriques en saillie, bien plus proéminentes sur les bords que vers le centre des valves. Ces lames réfléchies se retournent légèrement vers les sommets, et, à mesure qu'elles en approchent, elles deviennent de moins en moins fortes et saillantes, réduites successivement à l'état de simples stries, elles s'évanouissent à peu près dans le voisinage des sommets; elles sont proportionnellement à égale distance régulièrement tracées, et dessinent bien à leur base la convexité des valves. Des stries rayonnantes très-nettes, arrondies, régulières, apparaissent dans l'intervalle des lames et ornent le dessus des valves. Chez quelques individus la demie transparence du test permet de les apercevoir plus nettement en dedans qu'en dehors. Les sommets sont petits, opposés; les crochets aigus. Les empreintes musculaires sont profondes, inégales, de formes différentes, et pour ainsi dire doubles, l'empreinte palléale décrit un grand sinus très-aigu. Les bords sont épaissis et garnis intérieurement, sur une marge assez mince, d'une petite partie membraneuse qui dessine le limbe et qui s'épaissit légèrement en approchant de la charnière. Celle-ci, très-développée, est caractérisée par un cuilleron énorme, demi circulaire, un peu oblique, dans lequel se creuse la fossette du ligament ; et par deux dents latérales très-fortes.

X. — PETRICOLA ANACHORETA.

Pl. III, fig. 1 — 4.

Testa suborbiculari, inœquilaterali, inœquivalvi, costellis radiantibus, sinuosis angularibus, imbricatisque ornata; inter costulas sulcata ; fortiter costulis prominentibus postico margine valde emergentibus ; regulariter concentriceque striata, strigis squamosis super costulas ; latere postico valde hiante, umbonibus fere nullis ; ligamento brevissimo, dente cardinali magna, paulo bifida.

Alti. 0ᵐ,014. Lat. 0,011. Diam. 0,008.

Nous avons choisi ce nom d'anachorète comme propre à indiquer une particularité fort remarquable que nous avons eu l'occasion d'observer chez un de ces pétricoles. Un individu paraissant fort vieux, à en juger par sa taille, par le développement de certaines parties de son test ainsi que par son apparence caduque, n'avait pas trouvé suffisante sans doute la séquestration que lui procurait la cellule qu'il s'était creusée dans la méléagrine. Sur tout le limbe de sa valve gauche s'épanchait une épaisse sécrétion qui, en se repliant, embrassait une marge assez large sur la valve droite. Cette sécrétion n'était pas adhérente, cependant elle avait assez pressé la coquille pour conserver l'empreinte de tous les accidents de sa surface, en sorte que l'une et l'autre valve se trouvaient serrées de trop près pour pouvoir s'écarter, et, à bien plus forte raison, s'ouvrir. Leur bâillement seul à la partie tronquée demeurait libre et laissait à l'animal un orifice assez large par lequel il communiquait avec l'extérieur. A ce point, le travail de claustration s'arrêtait sur le limbe, pour remonter sur la valve droite qu'il contournait en laissant le milieu de la surface de celle-ci à découvert. La clôture était donc bien complète excepté vers la troncature. En pareil cas la sécrétion, comme nous avons déjà eu l'occasion de le faire remarquer, n'est pas exactement de même nature que celle qui a servi à former la coquille. Néanmoins, dans les parties où il y a soudure sur la valve gauche, cette sécrétion participe jusqu'à un certain point de la nature du test sur lequel il s'applique. On trouve alors qnelqu'analogie de structure dans l'un et l'autre travail. Cette analogie néanmoins ne tarde pas à disparaître, car partout ailleurs, bien que des couches et même des stries laissent apercevoir des degrés différents d'accroissement, le travail ne se présente plus que sous les formes les plus irrégulières, tourmenté, granuleux, il consiste en une enveloppe pâteuse qui s'applique et lute tout le tour des valves.

L'animal s'était donc doublement renfermé ; par quels motifs ? A quelle cause attribuer cette singulière et anormale circonstance ? Peut-être de nouveaux exemples de cette réclusion excessive viendront-ils éclairer la question en fournissant quelques particularités qui pourront servir à expliquer le fait.

Le *Petricola anachoreta* est une coquille très-inéquilatérale et très-inéquivalve, presqu'orbiculaire, bien que les bords inférieurs fassent une forte saillie en dehors pour retomber ensuite obliquement vers l'extrémité postérieure de la coquille qui est nettement tronquée sur la valve gauche. Les bords postérieurs et inférieurs de cette valve se réfléchissent tout à coup vers le dehors, et, par une sorte de pincement, forment deux angles à peu près placés à la même hauteur. Entre ces deux angles la réflexion devient plus prononcée, et il se produit ainsi une gorge sur toute la largeur de la troncature. Ceci constitue l'entrebaillement des valves. Cet effet n'est que très peu sensible sur celle de droite. Des côtes rayonnantes, sinueuses, imbriquées, quelque peu anguleuses, sont sépa-

rées par des sillons proportionnellement très-larges. Ces
côtes sont beaucoup plus fortes et plus saillantes vers la
partie supérieure, et le bord tronqué se trouve souvent
dépassé par leur prolongement au-delà du limbe. Ces
prolongements, en forme de tuiles, sont surtout d'une
exagération surprenante chez l'individu doublement enfermé
dont il a été question. Vers les sommets, les côtes deviennent très-irrégulières dans leurs directions, elles s'entre-
mêlent et il est alors très-difficile de les suivre; cette difficulté
s'accroît encore par suite de leur atténuation ; elles disparaissent même parfois complètement sur la partie proéminente des valves. Celles-ci subissent fréquemment en cet
endroit une dépression circulaire formant un large sillon
qui part du point culminant et qui se trouve protégé du
côté des charnières par un revers saillant. Ce sillon contourne la valve parallèlement au bord inférieur, cette particularité se rencontre de préférence sur celle de droite. Des
stries concentriques assez régulières, légèrement onduleuses,
sont facilement aperçues dans les sillons qui séparent les
côtes, elles deviennent écailleuses en montant sur celles-ci.
Les empreintes musculaires sont bien prononcées, et colorées, ainsi que la région environnante, par une teinte brune
qui se fond en une nuance rougeâtre, un peu plus vive
sur la partie postérieure. La surface extérieure, tout en se
ressentant un peu de cette coloration, demeure néanmoins
d'un aspect grisâtre. Les sommets sont émoussés et presque
sans traces de crochets. Les dents sont très-prononcées ;
la dent cardinale de la valve gauche est plus forte et tant
soit peu bifide ; le ligament est extrêmement court.

XI. — Petricola venusta.

Pl. III, fig. 5 — 7.

*Testa ovato-elongata, valde inœquilaterali, postice angus-
tiore ; costulis radiantibus, sinuosis, obtusis et strigis inœqua-
libus interstitialibus ornata ; umbonibus parvulis ; ligamento*

brevissimo; dente cardinali maxima; valvulis intus et postice
fusco-rubescentibus, extus violascentibus; cicatrice musculari
conspicua.

Alti. 0,009. Lat. 0,006. Diam. 0,005.

Ce pétricole diffère du précédent en ce qu'il est beaucoup plus allongé, les bords postérieurs et inférieurs
s'abaissant avant d'atteindre la troncature, beaucoup
plus que dans l'autre espèce. La troncature elle-même est
moins large, et presqu'égale sur les deux valves; la réflexion
des bords postérieurs et inférieurs se recourbe beaucoup
moins que celle de l'*anachoreta* quoique s'étendant davantage, seulement ici cette extension s'opère suivant une
surface à peu près plane; par suite l'entrebaillement se trouve
moins ouvert. Une différence essentielle qui sépare l'*anachoreta* de la *venusta* c'est que chez la première, les valves
sont très-inégales, tandis que chez l'autre elles offrent peu
de différence. Les côtes de cette seconde espèce sont en
outre beaucoup plus rapprochées les unes des autres,
moins irrégulières, nullement imbriquées, enfin émoussées
au lieu d'être anguleuses; les stries qui s'aperçoivent dans
les sillons disparaissent presque complètement sur la saillie
des côtes qui frangent légèrement les bords. L'intérieur des
valves est assez vigoureusement coloré en brun rouge à la
partie postérieure, tandis que la partie antérieure reste d'un
jaune roux pâle. En dehors, les valves offrent une teinte
violacée qui se fond en une nuance d'un roux pâle. Les
empreintes musculaires sont très-prononcées, les sommets
presque nuls. Une forte dent cardinale se montre sur chaque
valve; celle de la valve gauche est bifide; les dents latérales
sont atténuées.

XII. — ERYCINA (*Kellia*) BIOCCULTA.

Pl. III, fig. 8 — 10.

Testa minuscula, subglobulosa, subinæquilaterali; antice

paulò breviori, tenui fragili, nitida ; minutissime transversim
striata ; pallide lutea, intus albicante ; umbonibus tumidulis,
oppositis ; marginibus circularibus, intus paulo incrassatis ;
cicatriculis muscularibus fere æqualibus ; dente cardinali ad
anticum latus uncinato.

Alti. 0,005. Lat. 0,006. Diam. 0,0045.

Nous avons très-fréquemment rencontré cette Erycine
dans les perforations de la Méléagrine, mais presque toujours
à l'intérieur des valves d'un des animaux perforants. C'est en
raison de cette particularité de se trouver doublement enfer-
mée ou cachée, que nous lui avons donné son nom. On la
trouve cependant aussi quelquefois dans les excavations de
vioas et la même cavité sert souvent de demeure à plusieurs
individus qui y sont groupés. C'est une très-jolie petite coquille
globuleuse, à peu près équilatérale, transparente, brillante
et très-mince. Quoique fragile elle l'est cependant moins
qu'on pourrait le croire au premier coup d'œil ; sa force de
résistance est due à l'épaississement des bords inférieurs.
En dedans elle perd un peu de son lustre et prend une
très-légère teinte blanchâtre ou plutôt laiteuse. A la loupe
on aperçoit facilement des stries très-fines et concentriques.
Les sommets sont opposés et peu proéminents, les empreintes musculaires presqu'égales et les dents assez fortes ;
sur la valve droite on remarque une dent cardinale digitée,
sur celle de gauche la dent est recourbée en crochet vers la
partie antérieure. Les fig. *a b* et *a' b'* de la planche III repré-
sentent les détails de la charnière.

XIII. — Erycina (*Kellia*) proxima.

Pl. III, fig. 11 — 12.

Testa minuscula, ovato-oblonga, subinæquilaterali, tenui,
fragili, minutissime transversim striata, nitida, lutescente ;
margine postico longiore, basali ferè recto ; umbonibus par-
vulis, oppositis ; dente cardinale ad umbones uncinato.

Alti. 0,005. Lat. 0,0075. Diam. 0,0045

L'Erycine dont il s'agit ici se rapproche beaucoup de celle qui a été décrite dans le numéro précédent. Elle en diffère cependant par son allongement et par sa forme beaucoup plus inéquilatérale, la partie postérieure étant plus longue que l'antérieure. Le bord inférieur de cette espèce est tout à-fait droit ; il se recourbe et s'arrondit franchement à son extrémité sans aucune trace de troncature, de même que chez l'*Erycina biocculta*, en *d e* pl. III fig. 9 et 10. Comme celle-ci la *proxima* est mince, fragile, transparente, très-brillante ; les bords en s'épaississant perdent de leur transparence et prennent alors une teinte blanchâtre. Les sommets sont médiocres, les empreintes musculaires à peu près égales. La charnière est la même que chez l'espèce précédente, seulement c'est vers le sommet que la dent cardinale se recourbe et forme le crochet. Ainsi que l'*Erycina biocculta* la *proxima* se rencontre très-fréquemment dans les perforations. Il nous est arrivé souvent de la trouver par groupes formés d'individus très-petits et vraisemblablement très-jeunes, renfermés dans la même cavité, et de nombreuses observations nous autorisent à croire que les deux espèces déposent leurs œufs dans les perforations où les jeunes vivent quelque temps en famille, et qu'elles se séparent ensuite pour se répandre dans les excavations voisines. On peut supposer aussi qu'elles parviennent parfois à introduire leurs œufs dans des cavités autres que celles qu'elles habitent ; ce qui porte à le croire c'est qu'il n'est pas rare de rencontrer ces réunions de très-jeunes *Erycines* dans des espaces trop petits pour avoir pu contenir une coquille adulte ; de même qu'il arrive en d'autres circonstances, que les coquilles sont devenues trop grandes pour sortir du lieu qui les a vu naître.

XIV. — ERYCINA TRIANGULARIS.

Pl. III, fig. 13 — 15.

Testa minuscula, oblonga, trigona, depressa, valde inæqui-

laterali, tenui, fragile, nitidissima translucida, albo-luteola,
medio minutissime transversim striata ; umbonibus minimis,
acutis, oppositis ; latere antico breviter obtuso, ad lunulam
concaviusculo ; margine dorsali oblique declivi, recto ; infe-
riore recto ; extremitate postica angustata, obtusa ; cardine in
utraque valva profunde emarginato.

Alti 0,002. Lat. 0,0015, Diam. 0.0005.

Cette petite *Erycine* est très-remarquable par sa forme
presque triangulaire et néanmoins dépourvue d'angles, ses
bords s'arrondissant dans toute leur périphérie. Elle est
allongée inéquilatérale , la partie antérieure étant moins
longue mais un peu plus large que la postérieure. Les
bords antérieurs et postérieurs sont très obliques d'où
résulte la forme subtriangulaire qui la distingue, les crochets
formant le sommet du triangle dont le bord inférieur repré-
sente la base. Le bord antérieur est concave, et le postérieur
est convexe ; tous deux en se réfléchissant produisent une
sorte d'expansion externe des valves. Vers le milieu de la
coquille, le bord inférieur qui avait subi de légères inflexions
à la suite de la courbure des angles, devient quelque peu
convexe. Ils sont tous épaissis. Très-minces , fragiles, de
couleur jaunâtre, très-brillantes, les valves paraissent lisses
sur les deux tiers de leur surface , quelques stries très-
fortes relativement à l'exiguité de la coquille apparaissent
au nombre de quatre tout au plus sur les bords. Les sommets sont petits , obliques, très-émoussés. Cette espèce
semble rare car nous n'en avons rencontré jusqu'à présent
que deux spécimens.

XV. — CYPRICARDIA NOEMI.

Pl. IV, fig. 1 — 2.

Testa elongata rhomboida, valde inæquilaterali, antice bre-
viore, postice paulo angustiore, alba ; transversim et irregu-
lariter striata, sulcis minute granulosis reticulata ; posterius

angulata, angulo intus impresso, umbonibus acutis, obliquis ;
cardine magno, crasso bidentato.

Alti. 0,0055. Lat. 0.0035. Diam. 0,003.

Cette charmante petite coquille est de forme trapézoïde
allongée et très-inéquilatérale ; le côté antérieur est très-
court, et le côté postérieur beaucoup plus long, s'amincit un peu vers l'extrémité. Des stries fines, concentriques,
inégalement distantes, dessinent assez régulièrement les
périodes d'accroissement sur la convexité des valves ; elles
se contournent sur un angle décurrent très émoussé, arrondi
même, qui part des sommets et va rejoindre l'angle postérieur du bord inférieur ; cet angle décurrent s'imprime au
dedans des valves. Ce qui rend surtout le *Cypricardia Noemi*
remarquable, c'est la structure granuleuse de cette coquille
résultant de deux séries de sillons onduleux qui partent
des sommets, et qui, suivant des courbes opposées, se
coupent et forment un réseau du plus gracieux aspect. Cette
coquille est d'un blanc pur et demi-transparente ; l'intérieur
des valves est très-brillant et faiblement azuré. Les empreintes musculaires et palléales sont bien marquées. Les
sommets sont aigus et un peu obliques. La charnière est
très épaisse.

Ce petit *Cypricardia* a été trouvé par la plus jeune de nos
filles et nous le lui dédions d'autant plus volontiers qu'elle
s'est associée avec persévérance à nos recherches.

XVI. — Modiola (*Lithodomus*) excavata.

Pl. IV, fig. 3 — 5.

Testa ovato-elongata, interdum inflata, valde inæquilaterali, tenui,
regulariter et concentrice striata, flava, superne paulo carinata, pos-
tice contracta, truncata, appendiculata ; appendice ab umbone decur-
rente, albescente, intus excavato ; latere antico brevissimo obtuso ;
umbonibus minimis, oppositis, paulo obliquis.

Long. 0^m,025. Lat. 0^m,026. Diam. 0^m,005.

Remarquable par la dépression de sa partie antérieure qui

semble se séparer du reste de la coquille suivant un faible angle décurrent partant des sommets et descendant à angle presque droit sur le bord inférieur, cette espèce, de forme ovale, est généralement allongée. Cependant nous avons recueilli quelques échantillons courts et renflés. Elle est des plus inéquilatérales, légèrement carénée en dessus, sur un espace qui fait saillie. Elle devient ensuite presque conoïde. Elle est de couleur jaune fauve, régulièrement et concentriquement striée. Un appendice blanchâtre, descendant du sommet en suivant une courbe dont les bords sont indiqués par de petites dépressions, divise chaque valve en trois parties, il couvre toute la portion tronquée du bord postérieur et s'échappe du dehors pour se terminer à quelque distance et se tronquer aussi. La section qui le termine est décrite par une courbe s'allongeant vers la partie supérieure de la coquille, où elle forme quelquefois une petite pointe. Au dedans cet appendice forme en premier lieu un rebord, dentelé ou granuleux, au bord tronqué de chaque valve, puis une première excavation arquée en gouttière qui en précède une seconde creusée en quart de sphère. Quand les deux valves sont réunies l'appendice présente ainsi un hémisphère cave bien défini. A l'intérieur les valves sont légèrement nacrées, faiblement plissées longitudinalement, les rebords sont simples, quelque peu arrondis.

Nous avions d'abord voulu considérer ce modiole comme une variété du M. *Caudigera*, mais un examen attentif de plusieurs spécimens nous a permis d'établir les points suivants qui doivent les écarter l'un de l'autre. Chez notre espèce, atténuation subanguleuse de la partie antérieure que nous ne trouvons pas sur le *Caudigera*. Sur celui-ci point de division des valves par l'appendice, point de sillons qui le bordent. Au lieu d'être tronqué et excavé comme cela se remarque sur l'espèce nouvelle, cet appendice est terminé par une pointe arrondie qui se porte toute vers la partie inférieure de la valve et qui se renfle au dedans au lieu de se creuser. Ces deux pointes se croisent en dehors sur le *Caudigera*, les deux portions tronquées de l'*excavata* s'appliquent l'une contre l'autre.

XVII. — MALLEUS OBVOLUTUS.

Pl. IV, fig. 6 — 8.

Testa oblonga, irregulari, inæquilaterali, breviter et crassè auriculata, superne oblique truncata, basi irregulariter producta, margine crasso oblique bipartita, cinerea, subtùs fulva ; umbonibus obliquis, compressis, parvulis, peracutis ; facie interna submargaritacea, supernè nigra, infernè nitide-fulva ; cicatricula musculari magna, valde impressa.

Alli. $0^m,25$. *Lat.* $0^m,008$. *Diam.* $0^m,0055$.

Cette petite espèce de marteau qui ne s'est rencontrée que très rarement dans les nombreuses méléagrines soumises à nos recherches, car nous n'en avons trouvé que trois spécimens, est de forme oblongue, beaucoup moins déprimée que ne le sont ordinairement ses congénères. Elle présente au dehors un renflement subcylindrique et à l'intérieur une capacité inusitée. La coquille se dilate dans le sens de la largeur, l'accroissement ayant lieu vers la partie inférieure. La partie supérieure est tronquée transversalement en ligne droite, et obliquement par rapport à l'axe longitudinal ; cette ligne droite forme le bord cardinal. La coquille est feuilletée très irrégulièrement, ses contours cependant sont d'abord assez réguliers ; mais les dernières feuilles qui se sont superposées deviennent sinueuses, plus tourmentées que les premières, et les bords se contournent en se rapprochant pour se rejoindre presqu'à l'extrémité inférieure, point où la coquille se trouve très rétrécie. La couleur, au dehors, est blanchâtre près des sommets; cette teinte passe à un gris nuancé qui se transforme en jaune pâle sur les feuilles étendues. A l'intérieur on peut décomposer la coquille en deux parties ; l'une supérieure, de forme subquadrangulaire, limitée en haut par le bord cardinal qui forme avec les bords antérieurs et postérieurs des angles bien nets; ces bords s'épaississent peu à peu, rentrent au dedans des feuilles externes, se contournent sous deux autres angles arrondis, et se continuent en un rebord saillant presque parallèle au bord cardinal. Au delà de ce rebord les feuilles, en se développant et en se renflant, produisent une sorte de double valve ou d'enveloppe qui semble recouvrir et renfermer la partie circonscrite dont nous venons de parler. Cette seconde portion de la coquille s'allonge sur une étendue qui est un peu plus grande que la première. Celle-ci est colorée en brun noir légèrement nacré, tandis que celle qui la suit est de couleur fauve clair avec un grand brillant; un bourelet épais et saillant qui prend naissance sur le rebord, séparant de haut en bas le *malleus* en deux parties, divise la seconde suivant une direction à peu près perpendiculaire et va rejoindre, en se recourbant, l'extrémité de la coquille. Les sommets sont médiocres, déprimés, très aigus et obliques. Une oreillette très courte mais fort épaisse termine la partie antérieure du bord cardinal. Elle est à peine sensible sur la valve gauche, mais le sinus qui donne passage au byssus se trouvant presqu'entièrement creusé sur celle de droite, cette oreillette semble y être plus développée. L'empreinte musculaire est très grande; elle se rapproche davantage du côté postérieur que de l'antérieur. La fossette du ligament piriforme est aiguë oblique, grande; à l'intérieur son bord extrêmement épais prend une forme semi-lunaire qui occupe environ un tiers de la longueur du bord cardinal.

XVIII. — CREPIDULA DESHAYESI.

Pl. IV, fig. 9 — 10.

Testa ovato-elliptica, valde elongata, epidermide levissima, fulva induta, strigis lamellosis incrementi et costulis radiantibus undulatim clathratula ; apice prominente subacuto ; latere dextro sinistroque incrassatis, intus extusque reflexis ; facie internâ lactea nitidissima ; valde convexa, lineis incrementi validis, limbo paulo incrassato.

Alti. 0ᵐ,019, Lat. 0ᵐ,008, Diam. 004.

Cette coquille, par sa taille et par la singularité de sa forme, est la plus remarquable des méléagrinicoles inédites trouvées jusqu'à ce jour. Voilà pourquoi nous la dédions à un savant qui s'est intéressé à nos recherches et qui a bien voulu nous aider de ses conseils et de son expérience pour les mener à bonne fin.

L'espèce dont il s'agit se distingue facilement de ses congénères par sa forme très allongée, quelque peu quadrilatérale, légèrement recourbée suivant son axe longitudinal ; elle est revêtue d'un très léger épiderme jaune pâle. On reconnaît sans peine sous celui-ci les diverses couches d'accroissement qui sont indiquées par des stries lamelleuses, concentriques, assez irrégulières, et inégalement distantes. De petites côtes onduleuses, mais bien arrondies rayonnent du sommet, elles sont séparées par d'étroits sillons qui suivent les sinuosités des ondulations, le tout ornant très élégamment la surface de la coquille. Ces costules chevauchent sur les stries concentriques sans être interrompues par les parties lamelleuses. Les côtés droit et gauche de la coquille sont très épaissis ; ils se relèvent au dedans et au dehors, ce qui lui donne une forme concave aussi bien sur l'une de ses faces que sur l'autre. Cependant vers le sommet c'est la forme convexe qui subsiste seule désormais. Au dedans un canal concave assez large borde la cloison qui recouvre la cavité, cette cloison est bombée, très saillante, et sa convexité dépasse de beaucoup les bords de la coquille, ce qui en augmente l'épaisseur ; elle se détache de chaque côté, à environ un tiers de la longueur totale à partir du sommet, en formant deux sinus dont le gauche est le plus profond. Le bord de la lame est un peu épaissi, et les lignes d'accroissement très marquées à sa surface, les intervalles qui séparent celles-ci sont presque transparents. L'intérieur de la coquille est d'un blanc laiteux des plus brillants.

C'est ici que doivent prendre place quelques espèces méléagrinicoles appartenant au genre cœcum. Nous ne les ferons figurer que pour mémoire et ne donnerons que leurs diagnoses latines ; réservant les descriptions détaillées et comparatives, ainsi que les figures, pour une monographie de la famille des Cœcidœ que nous préparons. Cependant le nombre extrêmement considérable de ces coquilles recueillies par nous dans les méléagrinicoles (plus de trois mille), nous a fourni l'occasion de faire de nombreuses remarques, et nous a permis de constater la persistance de quelques faits importants, utiles peut-être à faire connaître. Et comme les résultats de ces observations appartiennent eux aussi aux études faites sur la méléagrine ; nous avons pensé qu'ils pouvaient bien être insérés dans le présent travail, comme ils le seront dans celui plus complet dont nous nous occupons.

Rien n'est plus merveilleux que les petites demeures de ces intéressants mollusques appartenant à un groupe trop longtemps négligé. Leurs formes si nettement arrêtées, leur structure si parfaite, leur ornementation si régulière, si finie, si soignée, quelquefois si multiple, sur un aussi petit objet, (nous avons compté plus de cinquante anneaux ciselés sur certaines espèces), donnent à ces coquilles un aspect tellement gracieux qu'on éprouve une admiration extrême à les considérer. Le brillant cristal ou la coloration vitreuse que quelques unes adoptent, la variété de leurs caractères, ne sont pas moins des sujets dignes de la contemplation la plus attentive. Et malgré le nombre énorme de spécimens qui nous sont apparus, ce n'est jamais sans émotion et sans joie que nous apercevons un cœcum dans la retraite qu'il avait choisie, caché derrière quelqu'accident, ou bien dans les sables que renferment quelques excavations ou quelque perforant de la méléagrine. Ce n'est jamais non plus, sans un véritable attrait que nous nous complaisons à soumettre le nouveau venu à une investigation de tous ses détails.

Ce n'est point cependant parce que cette famille abonde en sujets d'aspect agréable qu'il faut lui attribuer une importance de premier ordre. Une raison ayant plus de valeur que celle qui résulte du plus ou moins de beauté des coquilles, permet de la réputer une des plus remarquables parmi toutes celles des mollusques. Cette raison est la conséquence d'un fait fort singulier qui devient très sensible (on peut même dire frappant) lorsqu'après quelque temps de recherches on est parvenu à récolter bon nombre d'échantillons, et qui suffit à lui seul pour faire rejaillir un puissant intérêt sur les *cœcidœ*. Nous allons l'exposer; justifiera-t-il la faveur avec laquelle nous prétendons qu'on doit regarder ceux-ci et leur assigner un des premiers rangs parmi les animaux de leur classe? Nous l'espérons.

L'existence des petits Gastéropodes dont il est question n'est point uniforme comme celle des autres mollusques. Elle se divise en plusieurs phases faciles à préciser, et parmi elles trois périodes parfaitement distinctes et complètement indépendantes les unes des autres peuvent être remarquées. La première de ces périodes est celle que l'on peut appeler période du jeune âge, elle est représentée par une petite coquille spirale dont les tours se superposent avec une tendance à la séparation, et c'est en effet ce qui arrive bientôt. La courbure spirale se détend et la coquille poursuit son accroissement sous la forme d'un tube légèrement arqué qui fait suite au noyau spiral. Pour quelques espèces on commence déjà à apercevoir sur ce tube quelques indices de l'ornementation qui doit les caractériser plus tard. Suivant M. Carpenter, le premier âge ne prend pas de consistance, demeure mou et par cette raison disparaît presque toujours. Nous ne pouvons partager cette manière de voir, ayant rencontré plusieurs exemplaires de *cœcidœ* au premier âge qui se sont toujours trouvés à l'état de test réel et parfaitement solides. Nous croyons que si l'on ne trouve pas plus fréquemment de ces coquilles, cela tient à ce qu'elles sont infiniment petites et qu'elles échappent aux recherches.

Sur la fin de cette première période la coquille du second âge se prépare. Au noyau spiral s'est déjà soudée une partie tubulaire qui s'allonge et se recourbe en suivant toujours une certaine impulsion due à la spire initiale. Bientôt cette portion est assez spacieuse pour loger en entier le petit mollusque, une cicatrice se produit à quelque distance du noyau, et celui-ci disparaît brisé aux environs du plan de clôture qui s'est formé pour fermer le tube. Cette cicatrice prend déjà la forme caractéristique qu'elle conservera plus tard. Dès lors l'accroissement tubulaire s'opère graduellement, régulièrement, et pendant un certain temps la coquille conserve ses contours légèrement coniques. Telle se présente la seconde période que l'on peut bien désigner, ce nous semble, par cette dénomination, celle de l'adolescence.

A cet accroissement régulier succède subitement une augmentation considérable dans la largeur du tube. La forme conique devient plus prononcée sur une étendue variant suivant les espèces ; et ceci a lieu jusqu'à ce que la dimension normale du diamètre de la coquille adulte ait été atteint. Pour quelques espèces, cet accroissement du diamètre est presque immédiat, tandis que pour d'autres l'augmentation en largeur n'a lieu qu'insensiblement. A la suite de cette sorte de gonflement, le tube ne fait plus que s'allonger en demeurant plus ou moins cylindrique, et en conservant toujours un reste de courbure dûe à l'influence de la spire primitive, mais qui diminue cependant à mesure que la formation s'en éloigne, c'est-à-dire qu'il reste plus ou moins cylindrique. Quand la portion existante peut suffire à contenir l'animal, l'évènement que nous avons vu déjà se produire se renouvelle ; une seconde cicatrice vient oblitérer le tube, et il y a encore abandon. C'est la portion appartenant à la seconde période qui est rompue aux alentours de la cicatrice ; celle-ci devient en même temps le sommet de la coquille, après quoi l'animal termine cette troisième période, qui constitue celle de l'âge adulte.

Nous pouvons clairement indiquer, et faire bien saisir les différentes phases dont il vient d'être question en nous servant d'une fiction, nous supposerons la coquille complétée par ses trois âges, sans avoir éprouvé de ruptures. Nous trouverons fig. 11, pl. IV en A B la première période, le premier âge ; en A B C la deuxième phase, phase de transition pendant laquelle se forme la première cicatrice, aux environs de B. De B en D nous avons la deuxième période, celle de l'adolescence; c'est en même temps la troisième phase. De B en F. quatrième phase: la cicatrice définitive se forme en D M. De D en G cinquième phase après la seconde rupture, une partie seulement de la coquille adulte existe. Enfin D E F G H I M troisième période, celle de l'âge adulte, et en même temps sixième phase.

Ce qui est beaucoup moins facile à apercevoir, et conséquemment à faire voir, c'est la façon dont s'opère la rupture quand le mollusque sent le moment arrivé de se débarrasser de la partie qui lui est devenue inutile. Comment s'opère la décollation des portions délaissées ? C'est là certainement une question curieuse à résoudre et que rien ne vient éclairer jusqu'à présent. L'angle de troncature est toujours net, lisse, arrondi, ne laissant paraître aucune trace de bris, aucun éclat. Et dans le voisinage jamais aucune altération, aucun vestige, nulle marque de l'évènement. Y a-t-il eu frottement après la cassure afin d'obtenir, par l'usure, une certaine perfection, une sorte de fini, dans un travail d'exécution en quelque façon anormal, et dû peut-être à quelques chocs violents mais nécessaires ? on serait tenté de le croire. Cependant comment ce frottement, cette usure peuvent-ils avoir eu lieu sans que la cicatrice, qui est toujours proéminente, et dont le sommet se trouve fréquemment sur un des bords du plan de troncature, n'ait pas eu à en souffrir? D'un autre côté certaines espèces, au lieu de rompre sur le plan même d'oblitération, conservent une portion de la coquille adolescente pour enfermer la cicatrice, et la protéger sans doute. Comment, dans ce cas, la décollation s'opère t-elle au point voulu et précis qui doit assurer à cette protection l'efficacité attendue? . . . Pourquoi, ainsi que cela se présente, du reste, sur les autres ruptures, celles-ci, dans un cas bien plus difficile, se trouvent-elles parfaitement opérées dans un seul et même plan? On peut encore comprendre que lorsque l'opération s'exécute sur la cicatrice ou plutôt autour d'elle, elle ait servi à diriger le travail qui a déterminé le décollement; mais dans les cas dont il s'agit, quand c'est sur le tube de la seconde période qu'il y a section, comment se fait-il que l'action se trouve accompli d'une façon aussi remarquable? Comment les bords rompus demeurent-ils dans un plan unique? sont-ils nets, sans parties entamées, sans saillies, sans esquilles, sans altérations de l'angle sur lequel a eu lieu le bris? Quel a donc été le mode employé pour obtenir cette solution?

Nous avons dit que chacune des parties tronquées se trouvaient oblitérées avant la section par un travail que nous avons indiqué sous le nom de cicatrice, parce qu'en effet il vient reformer un point qui devra subir une importante altération. C'est sous la dénomination de *septum* qu'on est convenu de désigner ce travail d'oblitération; et désormais nous ne nous servirons plus que de ce mot. L'examen de quelques spécimens arrivés aux derniers moments des phases de transition, et que nous avons brisés pour les soumettre à une investigation scrupuleuse, nous a permis de reconnaître que la formation du *septum* n'a lieu que fort tard, c'est-à-dire lorsque l'animal a atteint le point où il doit quitter cet état intermédiaire. C'est par les couches qui doivent être extérieures que cette formation commence. Au dedans, la troncature se trouve clôturée par une paroi d'abord concave, qui, en s'éloignant des bords, prend la forme plus ou moins arrondie ou acuminée représentant au dehors le sommet du *septum*, et qui à l'intérieur demeure en creux. Cette cavité du *septum* est évidemment destinée à contenir l'extrémité du muscle rétracteur et à le fixer.

Nous avons pu constater en même temps qu'au dedans les tubes ne participaient en rien de l'ornementation extérieure. Leur surface y demeure extrêmement lisse et brillante. On peut donc en conclure que l'animal se meut dans ces tubes, entre leurs parois cylindriques, et parfaitement polies, sans aucun point d'appui, à l'aide seulement de la simple attache qu'il possède au fond du septum.

A considérer seulement les espèces de cœcum méléagrinicoles, nous remarquerons que les animaux qui les composent ne semblent pas destinés à mener une vie complètement indépendante au fond des mers où ils naissent. S'il faut en juger par ce que nous avons vu, ils paraissent enclins à rechercher les abris que peuvent présenter les accidents du test des grandes espèces de coquilles ; points où ils doivent nécessairement rencontrer des retraites paisibles et tranquilles. C'est ainsi que nous les avons trouvées entre les lames écailleuses de la méléagrine, au sein de ses perforations, dans les galeries pratiquées dans son test par les annélides, à l'intérieur et dans les replis des vermets, dans les anfractuosités des Spondyles qui y adhéraient, etc. Malgré la protection qu'ils doivent trouver ainsi enfermés entre d'épaisses murailles, ou blottis derrière de puissants contreforts, ils sont néanmoins constitués de façon à pouvoir résister aux perturbations les plus violentes, et semblent avoir été pourvus d'une force de structure capable de parer à tout accident. Les plus délicats sont eux-mêmes doués d'une dureté de test peu commune, et c'est à peine si parmi tout ce que nous avons rencontré d'individus de cette famille, il s'est trouvé quelques débris de coquilles fracturées.

Les caractères spécifiques des *cœcidœ* ne sont bien appréciables que sur les échantillons parfaitement adultes. Bien plus que pour toute autre famille de mollusques, on doit pour celle-ci tenir compte de cette remarque et prendre grand soin d'observer que le second âge ne présente pas toujours d'une façon identique les caractères dont est pourvue la coquille adulte. Il faut noter que les anneaux et les côtes peuvent bien ne pas s'y trouver aussi prononcés, soit qu'il y ait quelque différence dans leurs formes, soit qu'ils ne soient pas encore apparents, ce qui arrive parfois. L'examen d'un échantillon à sa deuxième période peut fort bien ne rien laisser présumer de ce qu'il doit être à la troisième, et le commencement de la coquille parvenue à cette époque peut lui-même ne pas ressembler à l'extrémité qui doit la terminer. On ne peut donc être surpris si quelques auteurs se sont trouvés entraînés à créer un genre à part pour des coquilles du second âge.

Nous croyons, au contraire, qu'en ayant sous les yeux un spécimen parfaitement adulte,(toujours reconnaissable à l'ouverture bien terminée) on saisira sans difficultés les différences qui résultent de la forme et de l'ornementation ; qu'en outre celle-ci peut constituer de notables caractères propres à établir la séparation, lorsque les mêmes faits se reproduisent régulièrement et se répètent exactement de la même manière. Or, ces nuances, lorsqu'elles sont constantes et précises, n'acquièrent-elles pas assez de valeur pour permettre d'établir des différences d'espèces? L'examen d'un très grand nombre de spécimens, l'étude d'une grande partie d'entr'eux, nous porte à résoudre affirmativement cette question, et nous pensons, malgré l'opinion de M. Carpenter, que l'ornementation peut être considérée comme un des principaux caractères spécifiques du genre cœcum en particulier.

Les caractères qui servent à classer les *cœcidæ* sont : 1° la forme, à laquelle se rattache l'apparence opaque, cornée, vitrée ou cristalline, ainsi que la couleur, et le plus ou moins de solidité ou d'épaisseur du test ; 2° l'ornementation qui ainsi que nous venons de le dire, mérite qu'on lui donne une importance considérable. Nous devons cependant faire remarquer que, pour celle qui se caractérise par des anneaux transverses, quelques cas se présentent fournissant des formes variables sur le même spécimen, et qu'il peut en résulter des causes d'incertitude sur la catégorie dans laquelle ces anneaux doivent être rangés. Ce ne peut être alors que par l'examen d'un grand nombre d'échantillons que l'on peut décider, d'après la forme dominante, quelle doit être celle qui caractérisera l'espèce ; 3° le septum. M. Carpenter en reconnaît trois formes principales qui sont : ongulée quand la surface saillante de la cicatrice s'élève toute entière en suivant un plan qui vient aboutir au sommet, lequel est plus ou moins large et doit figurer un ongle ou un sabot de cheval; mucronée quand elle se termine en pointe, elle devient parfois conique dans ce second cas ; enfin mamelonnée lorsqu'elle s'arrondit, prend une forme rebondie, souvent sans sommet apparent. Nous ajouterions volontiers, en nous appuyant sur des espèces nouvellement trouvées, les formes que voici : subcylindrique quand le septum s'échappe du plan de troncature et se développe en présentant un petit cylindre terminé par une surface plus ou moins plane, concave, ou convexe ; globuleux quand il se présente avec un étranglement auquel succède une partie presque sphérique ; enfin crochu quand du plan de la section sort à peu près brusquement une pointe qui se recourbe vers la partie dorsale. Nous donnons pl. IV, fig. 12 — 25, diverses formes de *septum*. Le bord latéral du septum est la ligne qui en dessine le profil quand la coquille repose sur le côté, c'est-à-dire lorsque la convexité se trouvant par exemple à droite la concavité est à gauche. Le bord supérieur ou dorsal est la ligne que l'on aperçoit faisant suite au bord latéral du côté convexe. Nous croyons qu'il est utile d'ajouter à ces deux lignes le bord inférieur qui se trouve du côté concave, et qui existe sur quelques espèces. Le septum, ainsi que nous l'avons déjà fait sentir, conserve le même caractère sur les coquilles de la seconde et de la troisième période ; il peut seulement se trouver plus développé sur l'une que sur l'autre ; 4° enfin l'ouverture et la partie qui l'avoisine doivent aussi être regardées comme présentant des caractères spécifiques importants.

La division du genre *Cœcum*, en trois groupes, telle qu'elle a été établie par M. Carpenter, ne paraît pas en harmonie parfaite avec les formes qui y sont comprises. Les dénominations adoptées par cet auteur et basées sur un certain nombre de types pouvaient être justes dans l'origine ; mais il nous semble qu'elles ne répondent plus aujourd'hui aux besoins de la science ; en conséquence nous proposerons une nouvelle division du genre comprenant quatre sections.

1° Coquilles lisses. *Lævia*.

2° Coquilles annelées. *Annulata*.

3° Coquilles cotelées. *Costellata*.

4° Coquilles quadrillées. *Quadrula*.

Les espèces dont la surface extérieure est dépourvue de tout ornement étant évidemment les plus simples dans leur structure, nous les plaçons au premier rang. Le second comprendra celles qui sont ornées d'anneaux transverses, et cette section sera elle-même susceptible d'être partagée en trois subdivisions.

1° Coquilles à anneaux aigus.

2° Coquilles à anneaux arrondis.

3° Coquilles à anneaux carrés ou aplatis sur leur partie culminante.

Ces subdivisions pourraient être plus nombreuses si l'on tenait compte des différences qui existent dans les intervalles ou sillons qui séparent les anneaux, ces parties étant elles-mêmes variables dans leurs formes et dans leurs dimensions; mais les premières nous paraissent suffisantes.

La troisième division renferme les espèces qui sont pourvues de côtes, cordons ou arêtes plus ou moins saillants, plus ou moins distancés, s'étendant longitudinalement du sommet à la base.

La quatrième enfin est assignée aux coquilles dont l'ornementation est double, c'est-à-dire à celles qui ont à la fois des anneaux transverses et des côtes longitudinales.

Les divisions et subdivisions que nous venons d'indiquer nous paraissent indispensables pour rendre plus facile la détermination des espèces. Nous avons éprouvé tant de difficulté à débrouiller ce genre difficile et à assigner un rang aux sujets d'espèces connues que nous possédons, (malgré l'excellente monographie de M. Carpenter), que nous avons été amené naturellement à chercher un moyen de rendre la tâche moins pénible. Nous avons essayé d'une classification nouvelle basée sur des caractères moins sensibles et plus précis. Il est vrai que notre distribution des espèces ne fera pas entièrement disparaître les doutes qui peuvent s'élever, et que nous avons éprouvé nous même, sur certains points qui se rattachent à la détermination rigoureuse des sujets ; nous sommes cependant convaincu qu'elle contribuera tout au moins à les éclairer. Il ne sera jamais très facile, en effet, de reconnaître toujours avec certitude, sur des coquilles d'une taille aussi minime, des nuances que le type aura pu présenter, mais qui, moins prononcées sur d'autres spécimens, permettent de les confondre avec des espèces voisines.

Nous terminerons ces observations par une dernière remarque. C'est que parmi cette grande quantité de *cœcum* trouvés dans la méléagrine, il ne s'est rencontré aucun individu des autres genres qui composent la famille des *Cæcidæ*: *Brochina*, *Meioceras*, etc. Quelle conclusion peut-on tirer de ce fait ? Peut-être que ces derniers genres, dont les espèces sont en plus petit nombre, recherchent moins les abris, et vivent plus indépendants.

Première section.

LES LISSES. — LEVIA.

XIX. — CŒCUM LEVE. — var. CYLINDRICA.

Testa cœ. levi simili, sed magis cylindrica, et multo minore inflata ; ad apicem paulo contracta, aperturam versus minus tumida.

Cette variété peut fournir les deux sous-variétés suivantes :

Semi fusca.
Testa ad apicem fusco tincta.

et *fusca.*
Testa fusco-tincta.

XX. — Cœcum parvulum.

Testa minima, cylindrica, arcuata, tenui, fusca, levi, apertura haud tumente, nec declivi, nec contracta ; septo obtuso mamillato, margine laterali primum concavo, dein convexo, cum dorsali cui similis est, juncto ; operculo ?...

Long. 0^m,0015. Diam. 0^m,0003.

XXI. — Cœcum minutum.

Testa minima, arcuata, cylindrica, tenui, fulvescente, levi, apertura recta, nec tumente, nec contracta ; septo ungulato, apice dextrorso, margine laterali convexo ; operculo ?....

Long. 0^m,0014. Diam. 0^m,0003.

XXII. — Cœcum imperfectum.

Testa haud parva, solida, subconica, levi, grisea aut albida, aperturam versus parum tumente ; apertura declivi, valde contracta ; septo obtuso, mamillato, submucronato, apice subdextrorsò, marginibus paululum convexis et conjunctis ; operculo ?....

Long. 0^m,0018. Diam. 0^m,0003 — 0^m,0004.

XXIII. — Cœcum validum.

Testa solida conica, arcuata, albida, vel grisea, levi ; septo subungulato, mucronato, valde prominente ; apice dextrorso, subacuto, ad dorsum reversiusculo ; margine laterali unduloso, dorsali concavo ; operculo ?....

Long. Diam. { Ad apicem versus, 0^m,0006. { Mediam partem versus, 0^m,0008.

XXIV. — Cœcum complanatum.

Testa cylindrica, paulo arcuata, subopaca, albida seu griseola, levi ; apertura haud declivi, nec contracta ; septo subcylindrico, subplanato, apice dextrorso ; margine laterali subconvexo, dorsali paulo concavo ; operculo ?....

Long. 0^m,0016. Diam. 0^m,0004

Deuxième section.

LES ANNELÉS. — ANNULATA.

Première subdivision. — ANNEAUX AIGUS.

XXV. — Cœcum undatum. — *var.* Cornea.

Testa c. undato simili, sed cornea, magis subdiaphana ; annulis minus prominentibus, interstitiis fere planatis.

XXVI. — Cœcum impartitum.

Testa mediocri, satis arcuata, solida, grisca, annulis XX — XXX validis, acutis, aperturam versus distantioribus, ultimo tumente, sulcato, cingulata ; interstitiis latis, concavis ; apertura marginita, septo mucronato, apice obtuso, dextrorso; operculo ?....

Long. 0^m,0008. Diam. 0^m,0005 — 0^m,0008.

XXVII. — Cœcum impartitum. — *var.* Bicolor

Testa c. impartito simili, superne castanea.

Deuxième subdivision. — ANNEAUX RONDS.

XXVIII. — Cœcum semicinctum.

Testa elongata, cylindrica, paulo arcuata, subcornea, fulgente, annulis rotundatis parum prominentibus cincta, (interstitiis minimis.) deinde levi ; aperturam versus annulis rotundatis ornata ; apertura haud declivi, simpliciter marginata ; septo mamillato, obtusissimo, subspirali, annulum rotundatum super septi planum fingente ; margine laterali arcuato, convexo ; operculo ?....

Long. 0^m,0002. Diam. 0^m,0005.

XXIX. — Cœcum semicinctum. — *var.* subacuta.

Testa c. semicincto simili, sed annulis subacutis, vel acutis.

XXX. — Cœcum agoniatum.

Testa lata, solida, arcuata, alba nitida, annulis valde rotundatis, paulo prominentibus cincta ; interstitiis concavis, annulos œquantibus ; apertura vix tumente, vix contracta, parum declivi, septo magno, valde mamillato et prominente ; margine laterali valde convexo ; operculo ?....

Long. 0^m,0022. Diam. 0^m,0007.

XXXI. — Cœcum erucatum.

Testa elongata, arcuata, subconica, fulva, nitida, aperturam versus paulo tumescente et albescente ; annulis validis prominentibus, subacutis, superne rotundatis cincta ; interstitiis latis, concavis valde arcuatis ; apertura contracta, paululo declivi ; septo mucronato, interdum primum fere mamillato, mucrone parvo subacuto, vel acuto, margine laterali brevi, unduloso, interdum paulo concavo ; operculo ?....

Long. 0^m,0023. Diam. 0^m,0003 — 0^m,0006.

XXXII. — Cœcum tœniatum

Testa solida, arcuata, grisea, rubigineo longitudinaliter tœniata ; annulis subrotundatis, latis et prominentibus, aperturam versus majoribus ornata ; interstitiis latis, profundis, subplanatis ; apertura decliviter contracta ; septo mucronato, subungulato, sulcato ; apice obtuso dextroversum sito, margine laterali concavo, dorsali parum reverso ; operculo ?....

Long. 0^m,002. Diam. 0^m,0004 — 0^m,0005.

XXXIII. — Cœcum venustum.

Testa cylindrica, elongata, leviter arcuata, tenui, vitrea nitida, superne levi, inferne transversim et irregulariter plicata, aperturam versus paulo inflata, et annulis rotundatis ornata, deinde contracta ; apertura vix declivi, marginata ; septo submamillato, cylindraceo, prominente, apice ad dorsum curvo ; margine laterali convexo ; operculo ?....

Long. 0^m,0018. Diam. 0^m,0004.

Troisième subdivision. — ANNEAUX PLANS.

XXXIV. — Cœcum strangulatum.

Testa (quoad genus) magna, elongata, robusta, sub-

cylindrica, arcuata ; annulis numerosis (XL — L), planatis, creberrimis, primum latioribus, dein tenuissimis
ornata ; ante aperturam valde et profunde strangulata ;
interstitiis vix impressis ; apertura paululo declivi, haud
contracta, marginata ; septo mucronato, mucrone subdac-
tyliformi, dorsum versus paulo reverso, interdum dextro-
verso ; margine laterali paulo convexo ; operculo subconvexo, apice prominente, sutura vix definita.

Long. 0ᵐ,003. Diam. 0ᵐ,0007, aperturam versus 0ᵐ,001.

XXXV. — Coecum strangulatum. — var acuta.

Testa c. strangulato simili, sed annulis latioribus, magis expressis, fere æquantibus ; septo elongato, valde
mucronato, subcylindraceo, vel conico, interdum in cavitate
incluso.

Long. 0ᵐ,0024. Diam. 0ᵐ,0003 — 0ᵐ,0006.

XXXVI. — Coecum occultum.

Testa adolescente, solida, grisea ; annulis latis, planatis, creberrimis, cincta ; interstitiis angustissimis, interdum profundis ; septo mucronato, subcylindraceo, in
cavitate occulto ; operculo ?....

Long 0ᵐ,0003 Diam. 0ᵐ,0005 — 0ᵐ,0008.

XXXVII. — Coecum superbum.

Testa (quoad genus) maxima, solida, arcuata, grisea ;
annulis plurimis (L — LV.) planatis, ad apicem latioribus, cincta ; apertura haud tumente, parum declivi, leviter contracta ; septo parvo, submamillato, mucronato,

*mucrone dextrorsum sito ; margine laterali primum con-
vexo dein concavo ; operculo ?....*

Long. 0^m,0004. *Diam.* 0^m,0008 — 0^m,0001.

XXXVIII. — Cœcum elegans.

*Testa robusta, cylindrica, albescente, vel grisea ;
annulis (XV — XXV.) latis, subquadratis, seu planatis,
ultimis subrotundatis, cincta ; insterstitiis minoribus, planatis, interdum paulò profundis ; septo primum paulò
mamillato, dein mucronato, mucrone subdextrorso ; margine laterali subconvexo ; operculo ?....*

Long. 0^m,0025. *Diam.* 0^m,0008.

XXXIX. — Cœcum elegans. — *var.* flexuosa.

*Testa c. eleganti simili sed longitudinaliter fasciis
albis, flexuosis ornata.*

XL. — Cœcum elegans. --- *var.* rubella.

Testa c. eleganti simili, sed rubella.

Troisième section

LES COTELÉS. — COSTULATA.

XLI. — Cœcum mirabile.

*Testa cylindrica, parum arcuata, alba, crystallina,
nitidissima ; costellis rotundis, subacutis, prominentibus,
ornata ; interstitiis profundis concavis inter costellas ;
aperturam versus costellis interstitiisque super angulum*

*obtusum evanescentibus ; extus margine simplici apertu-
ra marginata ; septo subungulato, submamillato, subcylindrico ; apice obtusissimo, dextroversum sito ; margine
laterali convexo ; operculo ?....*

Lang. 0^m,003. *Diam.* 0^m,001.

Quatrième section.

LES QUADRILLÉS. — QUADRULATA.

XLII. — Cœcum heptagonum. — Carpenter.

*Testa septangulata ; annulis rotundatis confertis, cinc-
ta, angulos longitudinales supracurrentibus ; apertura
planata, extus heptagonisforma, intus circulari, sulco
concentrico ornata ; septo ?.... operculo ?....*

Un simple fragment avait permis à M. Carpenter d'établir
cette espèce, sans en compléter la description. Possédant
plusieurs individus entiers, nous pouvons combler les lacu-
nes et nous continuons la diagnose........

*........ septo primum subplanato, mucronato, mucrone
parvo, acuto, dextrorsum sito ; margine laterali paulo
convexo, parvo, dorsali paulo concavo ; operculo subplanato, margine incrassato, rotundato, interdum violaceo.*

Long. 0^m,0022. *Diam.* 0^m,0004 — 0^m,0007.

Nous y ajouterons les variétés suivantes :

VLIII. — Cœcum heptagonum. — var. hexagona.

Testa c. heptagoni simili, sexangulata.

XLIV. — Cœcum heptagonum. — var. octogona.

Testa c. heptagoni simili, octangula.

XLV. — Cœcum mirificum.

Testa (quoad genus) maxima, valde elongata, cylindri-
ca, crystallina, nitidissima, liris subacute - rotundatis,
æquidistantibus, leviter expressis, longitudinaliter notata,
et annulis paucis, validis, acutis, super liras transeunti-
bus aperturam versus cingulata ; inter liras interstitiis
latis, transversim minutissime striatis ; apertura paulu-
lum contracta, subdeclivi, marginata ; septo mamillato,
granuloso, prominente, apice obtuso, dextrorso, margine
laterali valde convexo subcirculari ; operculo ?....

Long. 0^m,0031. *Diam.* 0^m,0006 — 0^m,0007.

XLVI. — Cœcum uncinatum.

Testa adolescente, elongata, conica, subdiaphana ; pri-
mum annulis maxime distantibus, parum prominentibus,
latis, rotundatis, cingulata ; dein annulis subplanatis,
ornata ; interstitiis inter annulos planatos haud elongatis,
satis profundis, apicem spectante, seu superne quadratis,
ad basim concavis ; strigis longitudinalibus super annu-
los et in interstititiis transeuntibus; septo mucronato, dac-
tyliformi, dorsum versus uncinato ; operculo ?....

Long. 0^u,0024. *Diam.* 0^m,0003 — 0^m,0006.

XLVII. — Rissoa Zeltneri.

Pl. V, —, fig. 1.

Testa elongato-turrita, solida, candidissima, nitida, costu-
lis rotundatis, numerosis, tenuibus, vix expressis, longitudi-
naliter et oblique ornata ; anfractibus octonis, lente crescen-
tibus, sutura simplice junctis ; ultimo 6/10 testæ æquante,

basi regulariter reticulata, apertura obliqua, semi lunari, margine incrassato.

Long. 0^m,0045. *Diam.* 0^m,0018.

Fort jolie espèce, que nous sommes heureux de dédier à Monsieur le Consul de France à Panama, qui a bien voulu s'intéresser à notre goût pour la conchyliologie et à nos recherches sur les méléagrines. Nous lui devons assurément quelques-unes de ces espèces et nous avons cru faire justice en consacrant son nom à l'une d'elles.

Le *Rissoa Zeltneri* est très-blanc, moins épais il serait diaphane, c'est une coquille assez allongée, turriculée, assez acuminée ; de nombreuses costules obliques longitudinales ornent les tours de spire qui sont au nombre de huit ; les premiers croissent lentement, ils sont séparés par une suture simple assez profonde. Le dernier tour, qui à lui seul égale environ les six dixièmes de la coquille entière, présente cette particularité fort remarquable que sa base est régulièrement striée dans le sens de la spire. Ces stries se croisent avec les costules et cette partie de la coquille se trouve ainsi très-gracieusement réticulée. L'ouverture semi-lunaire est grande, dilatée, le bord droit très-épaissi, la columelle se réfléchit sur le dernier tour et en s'épaississant se contourne pour aller rejoindre le bord droit.

XLVIII. — RISSOA INSIGNIS..

Pl, V, fig. 2 — 3.

Testa minutissima, turrita, curvispira, valde carinata, candida, regulariter et spiraliter striata, costulisque angustis, subacutis, obliquis longitudinaliter ornata ; sutura valde crenulata, anfractibus V rapide crescentibus ; ultimo maximo 3/5 testæ æquante ; apertura magna, obliqua, ovata, margine dextro lato, extus crenulato.

Long. 0^m,0022. *Diam.* 0^m,0012.

Fort remarquable petite espèce, toute blanche, très-fine de structure, de l'aspect le plus gracieux. Elle est courte, fortement carénée, Des stries arrondies très régulières, assez espacées, ornent élégamment les parties qui sont comprises entre des côtes longitudinales peu nombreuses descendant obliquement sur les tours de spire. Ces côtes sont légèrement aiguës et les stries semblent s'effacer sur les parties qui s'aiguisent. Le bord supérieur de chaque tour est festonné par les côtes qui suivent la carène de chacun d'eux. Ces tours sont au nombre de cinq, croissant d'abord très-lentement. La suture qui les sépare est crénelée par les côtes. Le dernier, beaucoup plus grand que les autres, est égal à environ 3/5 de la coquille entière. L'ouverture est grande, presqu'ovale, légèrement oblique. Le bord droit est fort épaissi, crénelé au dehors par le prolongement des stries, il se détache du dernier tour par une petite fissure bien arrondie, il est pourvu au dedans d'une petite lèvre également arrondie; la columelle se réfléchit faiblement presqu'au moment de rejoindre le bord droit. Un point curieux particulier consiste en un rebord ou bourrelet extérieur qui entoure l'ouverture et sur lequel les côtes viennent presque s'évanouir, elles se rejoignent sur ce rebord en formant des sortes d'arcades en saillie.

XLIX. — TURBONILLA FESTIVA.

Pl. V, fig. 4 — 6.

Testa minuta, elongato-turrita, albida, subdiaphana, costulis longitudinalibus paucis, distantibus, subacutis, ornata, transversimque regulariter striata; anfractibus septenis, lente crescentibus, ultimo magno, dimidiam partem testæ æquante; sutura profunda; apertura magna, obliqua, subpyriformi; margine dextro lato.

Long. 0^m,0025. Diam. 0^m,0006.

Charmante petite espèce presque diaphane, de forme assez allongée, ornée de côtes peu nombreuses, très-distancées et presqu'aiguës. Entre celles-ci des stries fines très-régulières courent dans le sens de la spire, elles ne paraissent pas surmonter les côtes. Le nombre des tours de spire est de sept, les trois premiers appartiennent à l'accroissement dans le sens du plan de la columelle définitive ; quatre autres sont dans un second plan perpendiculaire au premier. Le dernier tour est à peu près égal à la moitié de la coquille entière, la suture est simple, largement crénelée par les côtes. Celles-ci prennent presqu'immédiatement une assez forte saillie qui imprime aux tours de spire une légère apparence carénée. L'ouverture est grande, presque pyriforme, son bord droit est large, finement dentelé au dehors par l'extrémité des stries. Il est à noter au sujet de cette espèce que sur les deux derniers tours de spire, le nombre des côtes est de beaucoup moindre que sur les deux qui suivent le premier plan d'accroissement. Cette première partie paraît parfaitement lisse et cristaline.

L. — FOSSARUS MEDIOCRIS.

Pl. V, fig. 8.

Testa minuta, imperforata, subglobosa, subcarinata paulo depressa ; pallide castaneo tincta ; anfractibus quaternis, transversim sulcatis, sutura simplice junctis ; ultimo magno, septem liris ornato, duabus ad basim ; sulcis obliquè crenulato-striatis ; apertura obliqua, stricta, intus submargaritacea, margine dextro paulo incrassato, sinistro obliquo, columella convexa.

Long. 0^m,0026. *Lat.* 0^m,0025. *Alt.* 0^m,002.

Cette petite coquille peu remarquable est globuleuse, presque carénée, le dernier tour recouvrant largement les autres, qui à eux tous ne forment qu'une très-faible partie du *Fossarus* entier ; le premier surtout est presque complètement effacé. Ces tours, au nombre de quatre, sont convexes. Ils sont ornés transversalement par cinq cordons légèrement aplatis sur leur partie culminante. Deux cordons supplémentaires se font remarquer sur le dernier tour, à la base. D'assez larges sillons séparent les cordons ; des stries saillantes, obliques et courbes se détachent de ceux-ci en festonnant leurs bords ; elles coupent les sillons en les crénelant ; cette disposition donne à la coquille une certaine apparence écailleuse ; il en résulte aussi que la lumière qui se reflète sur quelques-unes des stries produit parfois des éclats dont le *Fossarus* se ressent. Les tours de spire sont réunis par une suture simple. La base de la coquille est imperforée. L'ouverture est oblique, étroite, subtriangulaire. Le bord droit dont la courbure est assez prononcée, et qui est légèrement épaissi, se trouve crénelé ou festonné par l'impression des cordons extérieurs. Le bord gauche s'épanouit sur le dernier tour, il se sépare de la columelle, s'en écarte, s'épaissit, remonte obliquement en se détachant, forme un petit sinus arrondi à l'extrême gauche de l'ouverture, et se reporte ensuite vers l'autre bord qu'il rejoint sur une partie assez largement réfléchie. A l'intérieur, l'ouverture est légèrement nacrée ; la couleur du *fossarus mediocris* est d'un brun pâle.

LI. — Vitrinella Ponceliana.

Pl. V, fig. 7.

Testa minutissima, umbilicata, discoïdea, valde depressa ; tenui, hyalina, pellucida ; utrinque subplanata ; spira brevissima ; apice obtusissimo ; anfractibus quaternis, ultimo, maximo, sulcis tenuissimis transversim ornato, strigis curvis subsquamosis alternantibus ; interstitiis paulo rotundatis ; sutura subimpressa ; apertura trigono-subcirculari ; margine simplici.

Long. 0^m,001. Lat. 0^m,0002.

Très-petite coquille discoïde, fort déprimée, extrêmement fine et légère de structure ; vitrée, transparente, blanchâtre, peu brillante, presque mate ; le *Vitrinella Ponceliana* présente une assez large base sur laquelle s'ouvre un ombilic de grande dimension à l'intérieur duquel on peut facilement

4

apercevoir les tours de spire. Cette base a une convexité des plus minimes, et la partie supérieure de la coquille, elle-même, est presque plane; il en résulte qu'entre ces deux parties, fort rapprochées l'une de l'autre, il ne reste à la spire qu'une épaisseur médiocre pour y dérouler ses quatre tours. Ceux-ci croissent assez rapidement et sont assez bien arrondis. Leur surface qui, à l'œil nu, paraît parfaitement lisse, se trouve cependant ornée de très fins sillons qu'on aperçoit à la loupe, ils suivent la spire et laissent entre eux des espaces légèrement arrondis. Si on soumet la coquille à un très fort grossissement, on reconnaît des stries courbes disposées de façon à simuler des écailles qui traversent l'intervalle des sillons. La suture est assez profonde; l'ouverture est simple, non épaissie, non réfléchie, presque ronde, elle s'élargit un peu en venant se reposer sur l'avant-dernier tour, et par suite elle devient presque trigone.

C'est à l'érudit secrétaire de la Société Havraise que nous avons dédié ce joli petit *vitrinella*.

LII. — Turbo Guillardi.

Pl. V, fig. 9 — 10.

Testa minima, globosa, apice obtusâ, regulariter et longitudinaliter striata, pallida, spira brevi; anfractibus quinis, ultimo maximo, basi depressiusculo, profunde umbilicato; apertura circulari, marginibus simplicibus — operculo corneo, paulo concavo, sexspirali, suturis sat definitis.

Alt. 0m,005. *Diam.* 0m,0m,004.

Coquille globuleuse à base légèrement déprimée, assez profondément ombiliquée, à sommet obtus. Cette espèce gracieuse d'aspect est de couleur jaune très-pâle; elle est régulièrement ornée de stries longitudinales assez exprimées. La spire est courte; elle se compose de cinq tours dont les derniers sont assez arrondis. Le dernier tour est plus grand que tous les autres; l'ouverture est assez grande, cir-

culaire, ses bords sont simples; le gauche recouvre une
petite partie de l'ombilic. L'opercule est corné, légèrement
concave. A son sommet, un noyau convexe proéminent se
relève. Le nombre des tours de la spire est de six qui sont
séparés par une suture assez nettement définie.

Nous avons dédié cette espèce au capitaine Guillard.

LIII. — PLEUROTOMA CARPENTERI.

Pl. V, fig. 12.

*Testa minuscula, imperforata, ovato-oblonga, fulva, longi-
tudinaliter costata ; (costellis paucis prominentibus) et liris
subtilibus decussata, anfractibus senis, rapide crescentibus, ultimo spira duplo longiore, in canalem latum, brevissimum
producto ; apice obtuso, sutura profunda, plicata ; apertura
angusta, ovali, margine dextro valde incrassato, intus margi-
nato ; columella subrecta ; fissura brevi, circulari.*

Long. 0^m,0045. *Diam.* 0^m,0018.

Petite coquille assez gracieuse d'aspect, de couleur fauve,
peu allongée, fusiforme, peu acuminée, son sommet étant
légèrement obtus; ce pleurotome est composé de six tours
de spire qui croissent d'abord lentement puis qui deviennent
rapides. Des côtes saillantes peu nombreuses, largement espacées, traversent les tours de spire dans le sens longitudinal. Ces côtes qui naissent sur la suture, sont un instant dou-
blées par celles du tour précédent. Ces dernières franchissent
la suture sans aucune modification dans leur forme. De très
petits cordons saillants, ou plutôt des stries fortes et arrondies, viennent en suivant le sens de la spire, croiser les côtes
et les surmonter. Le dernier tour est très allongé, sa longueur est d'environ les deux tiers de celle de la coquille entière, il est tronqué à la base par un canal des plus courts,
mais qui en revanche est fort large. La suture est des plus
simples, peu profonde, elle est, ainsi que nous l'avons dit,
interrompue par les côtes qui passent d'un tour sur l'autre.

L'ouverture est allongée, ovale, coupée par la troncature qui est due au canal. La columelle est presque droite. Le bord droit, très élargi, est bordé à l'intérieur par un petit cordon franchement arrondi ; en dehors, il se trouve garni d'un bourrelet formé par la dernière côte. Ce bord se détache de l'avant-dernier tour par un sinus assez large, circulaire et garni aussi du même cordon qui forme lèvre.

Nous avons considéré la dédicace de cette espèce comme un hommage dû à l'éminent conchyliologiste Anglais qui a consacré tant de soins et de travail à la faune malacologique des parages où les méléagrinicoles ont été pêchées.

LIV. — Pleurotoma Godfroidi.

Pl. V, fig. 12.

Testa ovato-elongata, imperforata, longitudinaliter pauci costata et liris spiralibus, tenuissimis, decussata ; saturatè fusca ; anfractibus senis rapide crescentibus ; ultimo anfractu 5/8 testæ æquante in canalem brevissimum, latum, desinente ; apice obtuso ; sutura angusta ; apertura elongata, angusta, margine dextro lato, valde incrassato ; columella subrecta ; fissura obliqua, circulari.

Long. 0^m,004. Diam. 0^m,0043.

Au premier abord cette coquille, d'une teinte brune extrêmement foncée, semble colorée en noir. Elle est un peu plus allongée que la précédente ; également fusiforme, son sommet est également obtus. Elle se compose de six tours de spire, dont le dernier, plus grand que tous les autres, égale les 5/8 de la grandeur totale ; ces tours croissent d'abord lentement, puis très rapidement. Des côtes longitudinales, larges à leur base, très amincies à leur partie culminante, ornent les tours de spire ; elles sont peu nombreuses, prennent naissance sur la suture, et naturellement se trouvent fort atténuées dans cette partie. Celle-ci est étroite, assez profonde. Des cordons saillants qui suivent le sens de la spire croisent

et franchissent les côtes ; ces cordons sont beaucoup plus
épais et plus en saillie que ceux qu'on remarque sur le
Pleu. Carpenteri. La teinte qui les colore est légèrement affai-
blie, par le frottement sans doute ; en certains endroits ils
sont même devenus grisâtres. Le dernier tour de spire se
trouve tronqué à la base par un canal assez large, mais extrêmement court. L'ouverture interrompue par ce canal est
très allongée, sa longueur est surtout sensible en raison de
son peu de largeur ; les bords en sont à peu près parallèles.
La columelle, presque droite, est longue, sensiblement arrondie. Le bord droit est fort épanoui, deux petits cordons
ou fortes stries le partagent en trois dans le sens longitudinal ; il est simple en dedans ; au dehors, la saillie de la dernière côte le limite. Il se détache de l'avant-dernier tour par
une échancrure plus longue que celle de l'espèce qui le précède, mais qui s'arrondit comme elle.

Nous avons dédié cette espèce au capitaine Godfroid, aux
bons soins duquel nous devons quelques-unes de ces espèces.

LV. — Pleurotoma Leucolabratum.

Pl. V. fig. 13.

Testa ovato-elongata, imperforata, costulis paucis longitu-
dinalibus et liris tenuissimis spiralibus decussata ; fusca, pal-
lidè fasciata ; anfractibus quinis, rapidè crescentibus, ultimo
2/3 testæ æquante, in canalem latum, brevissimum desinente ;
apice obtuso ; sutura impressa, costulis crenulata ; apertura
ovato-elongata , intus extusque marginata , alba ; columella
subrecta ; fissura obliqua lata, circulari.

Long. 0^m,0038. Diam. 0^m,001.

Cette troisième espèce de *Pleurotome* est de forme ovale
allongée, à sommet obtus. Elle est composée de cinq tours
de spire qui croissent d'abord lentement, puis rapidement,
et qui sont teintés mi-partie en jaune pâle, mi-partie en
brun. Des côtes longitudinales, presqu'aiguës sur leurs par-

ties saillantes, ornent les tours de spire, si ce n'est les premiers qui paraissent à peu près lisses. Ces côtes prennent
naissance et se terminent sur la suture, qui se trouve ainsi
crénelée par leurs jonctions. La suture est légèrement appro-
fondie. De fortes stries ou petits cordons transverses, croisent et surmontent les côtes, ils sont d'une teinte moins foncée que les parties sur lesquelles ils courent. Le dernier tour
de spire égale à peu près les deux tiers de la longueur totale
de la coquille; il est terminé comme chez les deux autres
espèces, par un canal des plus courts, et qui n'est apparent
qu'en raison de sa grande largeur et de la troncature qu'il
imprime à la base. L'ouverture ainsi interrompue paraît
moins allongée que celle du *P. Godfroidi*, parce qu'elle est
plus large qu'elle. La columelle, un peu moins arrondie, est
aussi moins allongée, la base de l'ouverture est plus considé-
dérable que sur l'espèce précédente. Le bord droit est fort
élargi et se trouve limité au dehors par la dernière côte. Il
est séparé de l'avant-dernier tour par une échancrure arrondie, assez large et assez profonde; au dedans, un petit rebord
blanchâtre borde l'épaisissement, ce rebord contourne l'é-
chancrure et vient s'épanouir sur le dernier tour, il remonte
ensuite sur le bord gauche. De couleur blanchâtre il paraît
faire suite à la zône d'un jaune pâle qui, sur la partie supérieure du dernier tour, borde la suture.

LVI. — Pleurotoma pustulosum.

Pl. V, fig. 1.

*Testa imperforata, costis longitudinalibus crebris, lirisque
spiralibus validis decussata, pallide fulva, pustulis sanguineis
irregulariter notata; anfractibus novenis, primis lævibus, lente
crescentibus, ultimo dimidiam partem testæ arquante, in canalem brevem desinente; apice subacuto; sutura costulis crenulata; apertura elongata, margine dextro acuto; intus valde
incrassato, calloso, dentato; sinistro reflexo; columella paululum arcuata; fissura latissima, haud profunda obliqua.*

Long. 0,005. Diam. 0,002.

Cette curieuse espèce de *Pleurotome* diffère beaucoup de celles du même genre dont il vient d'être question. Elle est plus allongée, plus fusiforme. Nous lui trouvons huit tours de spire, dont les premiers paraissent lisses; tous sont d'une couleur jaune fauve; ils croissent lentement; le sommet est presqu'obtus. Le dernier d'entre eux est égal à environ la moitié de la longueur totale de la coquille. Des côtes longitudinales assez nombreuses, assez régulièrement espacées et obliquant sur le côté gauche, sont croisées par des cordons transverses qui suivent la spire. Cet assemblage de côtes et de cordons produit aux intersections une série de points culminants assez aigus. Ces points sont séparés les uns des autres par des espaces creux que deux côtes et deux cordons définissent; le tout forme ainsi un réseau granuleux qui garnit toute la surface de la coquille, si ce n'est les premiers tours et la partie qui avoisine le canal par lequel l'ouverture se termine; en cet endroit, les côtes se sont évanouies, et les cordons s'y trouvant bien atténués, la granulation disparaît. Quelques-uns des points saillants dont il vient d'être question, apparaissent çà et là teintés en rouge foncé; mais cette coloration est fort irrégulière, les points rouges sont disséminés sans ordre et comme jetés au hasard. C'est ainsi qu'ils produisent l'effet de pustules sanguinolentes. L'ouverture est allongée, étroite, interrompue par un canal court qui se reverse vers la partie supérieure et découpe sur celle-ci un bord bien arrondi. Le bord droit est presque tranchant, il est vigoureusement épaissi, mais c'est seulement au-dedans que l'épaisissement existe. On y trouve une callosité qui s'étend dans le sens longitudinal et qui paraît reproduire une des côtes du dehors; cette callosité est découpée en festons comme si les cordons se reformaient aussi au dedans; quelques dents apparaissent produites par suite de cette disposition. Le bord gauche est très réfléchi sur la columelle, il devient même légèrement calleux sur le rebord; puis il s'épanouit assez largement pour aller rejoindre l'échancrure; celle-ci est très peu profonde, elle s'arrondit d'abord, et se dirige ensuite, suivant une ligne à peu près droite mais très oblique, sur l'épanouissement du bord droit ; la columelle est légèrement arquée.

LVII. — Pleurotoma nodosum.

Pl. V, fig. 15.

Testa imperforata, fusiformi; costis paucis, longitudinali- bus, lirisque validis, nodosis, majoribus, spiraliter decussata; pallide fulva ; anfractibus octonis, primis levibus, lente cre- scentibus, ultimo dimidium testæ æquante in canalem brevis- simum desinente; apice obtusiusculo; apertura elongata, angusta, margine dextro acuto, intus leviter incrassato ; sinistro reflexo; fissura minutissima, lata circulari.

Long. 0,004. Diam 0,015.

A première vue, cette espèce paraît ressembler à la précé- dente, d'abord en raison de sa forme qui est également al- longée, puis parce qu'elle est à peu près colorée de la même façon, parce qu'elle est côtelée de même, et que les côtes se trouvent aussi croisées par des cordons, suivant le sens de la spire. Mais elle en diffère sur les quelques points que voici : les côtes qui l'ornent sont beaucoup moins nombreuses que sur l'autre espèce, les cordons et les côtes, par leur croise- ment, ne forment point de réseau sur la surface, les sillons qui séparent les cordons sont ici profonds et étroits, les cor- dons s'amincissent vers le milieu des intervalles qui séparent les côtes, puis ils s'élargissent en se rapprochant de celles-ci, et forment sur elles des nœuds à peu près qua- drangulaires. Avec un fort grossissement, on aperçoit des stries longitudinales qui suivent les côtes. Le nombre des tours de spire est de huit, dont le dernier est presqu'égal à la moitié de la coquille entière, les premiers sont lisses, crois- sent lentement ; le sommet est légèrement obtus. L'ouverture est allongée, très étroite, les deux bords sont séparés par un canal fort court. Le bord droit est mince, sans être épaissi, il n'est cependant pas tranchant ; au dedans on trouve un épaississement analogue à celui qui existe sur l'espèce précédente, mais qui est un peu moins prononcé. L'échancrure qui sépare le bord droit de l'avant-dernier tour est très large, à peine profonde, elle rejoint un épanouissement très prononcé du bord gauche, légèrement réfléchi sur la columelle; celle-ci est un peu arquée.

LVIII. — PLEUROTOMA HIRSUTUM.

Pl. ,V fig. 16.

Testa imperforata, elongatula, fusiformi, albido-fulva, costulis acutis, longitudinalibus, nodulosis, lirisque spiralibus, prominentibus, decussata, anfractibus septenis, lente crescentibus, subcarinatis; priores magis colorati, ultimo 2/3 testæ æquante, in canalem brevem, paulo obliquum, desinente; apice subacuto; sutura crenulata; apertura elongata, angusta, subquadrata, margine dextro incrassato, denticulato, sinistro fere recto; fissura lata, satisprofunda.

Long. 0,0034. Diam. 0,0016.

La jolie et remarquable espèce de *Pleurotome* dont il s'agit ici, est moins allongée que celles dont il vient d'être question, elle est néanmoins fusiforme. C'est surtout à l'expansion du dernier tour qu'elle doit son apparence plus ramassée. Elle est de couleur jaunâtre assez pâle, presque blanche, avec quelque peu de brillant et une très légère transparence. Elle est composée de sept tours de spire croissant très lentement. Les premiers sont plus vivement colorés que ceux qui les suivent, et c'est une teinte rosée assez agréable qui les nuance. Le dernier tour est à peu près égal aux deux tiers de la coquille entière. Des côtes longitudinales aiguës et tranchantes, assez distancées les unes des autres, légèrement obliques, font saillie sur la surface de tous les tours, à part les deux ou trois premiers. Des cordons qui sont aussi légèrement tranchants contournent les tours de spire dans le même sens que ceux-ci; ils croisent les côtes, et au point de jonction, côtes et cordons s'enflent et donnent lieu à des protubérances très saillantes, qui sont terminées par des pointes fort souvent crochues. La coquille paraît ainsi hérissée d'aspérités accuminées. Sur le dernier tour, les côtes s'effacent aux environs du bord gauche de l'ouverture, les cordons demeurent seuls bien prononcés et tranchants. L'ouverture est allongée, étroite, presque quadragonale, les deux bords se rejoignent en contournant un canal assez large, un peu oblique et légèrement renversé en arrière. Le bord droit est épaissi, il est bordé de dents formées par les sillons qui au dehors séparent les cordons transverses, et qui se reproduisent en relief à l'intérieur. Le bord gauche est long, presque droit, avec un petit épanouissement sur la columelle. L'échancrure est assez profonde, assez large, elle s'arrondit au fond et revient suivant une ligne à peu près droite, rejoindre l'épanouissement du bord gauche ; elle se trouve comme abritée par l'exubérance des saillies aiguës qui s'élèvent énormément sur le dernier tour et la dernière côte.

LIX. — Pleurotoma imperfectum.

Pl, V, fig. 17.

Testa fusiformi . rubro-fusca, costis longitudinalibus, leviter prominentibus lirisque spiralibus, minutis, rotundatis, vix expressis decussata ; anfractibus septenis, lente crescentibus, ultimo magno 5/8 testæ æquante, in canalem vix definitum desinente, sutura undulata : apertura elongata, margine dextro acuto, sinistro reflexo.

Long. 0^m,0042, Diam. 0.0018.

Plus fusiforme que les précédentes espèces, le *pleurotome imperfectum* est d'une jolie couleur orangée foncée. Il est orné de côtes longitudinales qui s'épanouissent et s'élargissent sur le milieu des tours de spire. De petits cordons transverses, peu proéminents, réguliers et arrondis, séparés par des sillons assez bien définis et ayant à peu près la même largeur, courent par dessus les côtes et traversent les larges intervalles qui les espacent. Le sommet est légèrement obtus. Les tours de spire sont au nombre de sept, ils croissent lentement. Le dernier, plus grand que tous les autres, se déve-

loppe aussi en diamètre vers sa partie moyenne. Ils sont
séparés par une suture simple, quelquefois assez profonde
et ondulée par les extrémités des côtes. L'ouverture est
assez large, peu allongée. Son bord droit est tranchant,
épaissi au-dedans ; il rejoint le bord gauche par un canal
assez large, oblique, pas mal profond. Ce dernier bord s'é-
panouit sur la columelle et sur la base de la coquille, en venant rejoindre l'échancrure qui fait presque défaut ; extrêmement élargie, elle n'a pas de profondeur.

LX. — Chemnitzia Rangii.

Pl. VI, fig. 1.

*Testa imperforata, elongata, conica, apice obtusiuscula, flavescente;
anfractibus duodecimis, levibus ; prioribus normalibus, sequentibus
gradatis, ultimo 1/3 testæ æquante ; sutura superne simplici, deinde
anfractuum progressu marginata ; apertura quadrangulari, marginibus simplicibus, sinistro reflexiusculo.*

Alt. 0,0027. Diam. 0,0011.

C'est comme hommage à la mémoire du savant comman-
dant Rang que nous avons donné son nom à la curieuse espèce de *Chemnitzia* dont il s'agit ici, et nous éprouvons
quelque satisfaction de pouvoir ainsi témoigner de nos sen-
timents de profonde estime pour un chef sous les ordres duquel nous avons servi, aussi bien que de notre admiration
pour son grand savoir. Cette coquille est de petite taille,
conique, allongée, de couleur jaune tirant un peu sur le brun ;
son sommet est assez obtus ; elle se compose de douze tours
de spire tous lisses. Les bords des premiers sont à peu près
droits, et sur leur parcours, la coquille est bien conique. Les
quatre ou cinq derniers diffèrent des premiers, vers leur partie inférieure, ils s'échappent au dehors de la génératrice du
cône, s'évasant sur le plan de la base, et forment une marge
saillante de peu d'épaisseur, presque tranchante, sur son pour-
tour. Cette expansion de la base suit les tours de spire, aug-
mentant de saillie à mesure qu'ils augmentent d'ampleur ;

elle vient ainsi se terminer sur le bord droit de l'ouverture. La suture est extrêmement simple, elle se trouve sur les tours pourvus de la marge que nous venons de dire, en dedans de celle-ci, sur le tour qui la suit. L'ouverture est à peu près quadrangulaire, ses bords sont simples, le gauche se réfléchit légèrement sur la columelle.

LXI. — Eulima adamantina.

Pl. VI, fig. 2.

Testa minutissima, imperforata, elongata, arcuata, acuminata, ni-tidissima, hyalina ; anfractibus novenis, planis, sutura vix conspicuâ junctis ; ultimo 1/3 testæ æquante ; apertura semilunari ; margini-bus paulo incrassatis, sinistro leviter reflexo.

Long. 0,0025. Diam. 0,0008.

Rien n'est plus brillant que cette espèce d'*Eulima*, elle est de forme très allongée, et bien que son sommet soit légère-ment, obtus l'allongement de la coquille la fait paraître aigue. Elle est cristalline, extrêmement diaphane, avec un éclat con-sidérable. Elle se compose de neuf tours de spire qui, d'a-bord, croissent lentement et dont l'ensemble est soumis à une courbure assez prononcée, tournant de droite à gauche, c'est-à-dire que le côté droit est concave et le gauche convexe. Les tours de spire sont unis par une suture simple, une ligne, pour ainsi dire très fine et très nettement, tracée. La transpa-rence de la coquille permet d'apercevoir le plan de la base de chacun des tours épaississant un peu le test sur une très pe-tite marge au-dessus et au-dessous de la suture. Le dernier tour est égal au tiers environ de la longueur totale, il est imper-foré. L'ouverture est allongée, demi-circulaire ; les bords en sont simples, bien rejoints, presque tranchants, le gauche se réfléchit légèrement et se contourne jusque sur sa columelle.

LXII. — Eulima proca.

Pl. VI, fig. 3.

Testa imperforata, elongato-acuminata, levi, nitida, superne lac-

tea, inferne carnea et maculis ustulato-rubris, triangularibus, sutu-
ram concomitantibus picta ; apice obtusiusculo ; anfractibus 10-11,
primum valde angustis, deinde majoribus, rotundatis, ultimo testæ
fere 1/3 æquante ; apertura cordiformi, marginibus leviter incras-
satis, sinistro valde reflexo.

Long. 0,0033. Diam. 0,001.

Cette seconde espèce d'*Eulima* est aussi fort jolie et fort
remarquable. Elle est de forme allongée, très acuminée sur
les premiers tours de spire; elle prend au contraire de l'ampleur, de la rotondité même sur les derniers. Les côtés de la
coquille au lieu d'être tout simplement droits, ou décrivant,
ainsi que cela se présente d'ordinaire, une courbe toujours de
même nature, généralement convexe, adoptent sur cette espèce une double courbure. La ligne qui dessine son contour
est d'abord concave, puis elle devient convexe. Il résulte de
cette différence dans les bords des tours de spire un ensemble
original, qui imprime à l'*Eulima proca* une tournure toute
particulière, et un caractère singulier de forme. Son sommet
est légèrement obtus, les tours de spire sont au nombre de
dix ou onze, ils croissent d'abord lentement et sans élargis-
sement bien sensible, ce qui donne à la première partie de la
coquille, sur cinq ou six tours environ, un aspect subcylindrique ; ils sont légèrement arrondis, et sont unis par une
suture large, relativement, avec quelque profondeur. Vers le
huitième tour, l'ampleur se fait déjà sentir et la suture s'est
amoindrie ; elle n'est plus, au-delà, qu'une simple ligne à peine
imprimée. Le dernier tour est à peu près égal au tiers de la
longueur totale, il est imperforé. L'ouverture est cordiforme,
les bords en sont légèrement épaissis ; le gauche se réfléchit ;
ils sont colorés en carmin brûlé. Les premiers tours d'un
blanc de lait apparaissent bien encadrés entre la suture et
leurs bords ; les derniers sont couleur de chair ou teintée
en une nuance orangée claire. De longues taches triangulaires,
assez régulières, vivement colorées en carmin brûlé, ont leur
base le long de la suture, elles en suivent les contours et se
maintiennent à une courte distance de ceux-ci. Cette singu-

lière ornementation ajoute un cachet de plus à l'originalité
de cet *Eulima*.

LXIII. — EULIMA GIBBA.

Pl. VI, fig. .

Testa imperforata, ventricosa, sursum acuminata, apice obtusius-
cula, crystallina, nitidissima, anfractibus novenis, lente crescentibus,
suturâ simplici junctis, ultimo tumido, ad sinistram majus inflato ;
apertura semilunari ; marginibus simplicibus, columellari valde
réflexo.

Long. 0,003. Diam. 0,0013.

Ainsi que les précédentes, cette espèce peut aussi être citée
comme remarquable ; elle est corpulente, assez accuminée,
recourbée vers la partie inférieure, son sommet paraissant
chercher à rencontrer l'ouverture. Elle est tout aussi diaphane
que l'*adamantina*, pourvue d'un éclat semblable. Elle se compose de neuf tours de spire, les premiers croissent lentement
en longueur, mais proportionnellement ils s'élargissent fort rapidement ; l'extension se produit surtout sur la partie gauche.
Le dernier tour qui, à lui seul, forme la moitié de toute la coquille est extrêmement développé sur ce côté, il est enflé et
sort considérablement des lignes que les bords des tours pré-
cédents sembleraient devoir lui assigner comme contours.
Pour retrouver l'ouverture, quand le dernier tour a atteint son
maximum d'extension, il faut qu'il se rejette à droite, suivant
une ligne très oblique. Ces conditions extra normales lui impriment, et par suite à toute la coquille, une forme bossue
qui constitue un des principaux caractères de cette espèce.
La suture est la même que celle de l'*E. adamtamina*. L'ouverture est cordiforme, allongée, ses bords se rejoignent bien
et sont unis par une courbe suivant laquelle on peut mesurer
sa plus grande largeur. Les bords sont légèrement épaissis,
le gauche, tout à fait à la base de l'ouverture, se réfléchit et
s'étend en dehors sur le dernier tour en suivant une sorte
d'angle décurrent, il s'épanouit en même temps au dedans et
vient se réfléchir sur la columelle.

LXIV. — Eulima elegantissima.

Pl. VI, fig. 5.

Testa imperforata, oblonga, nitidissima, pellucida, fasciis duabus fulvis et maculis obliquis, alternantibus ornata ; spira acuminata, apice obtusiusculo ; anfractibus decimis, lente crescentibus, planis, ultimo magno, testæ dimidium æquante ; sutura simplici ; apertura elongata, piriformi, marginibus incrassatis, fuscis, sinistro basi valde reflexo.

Long. 0,005, Diam. 0.0015.

Cette petite coquille, d'une élégance complète, est par cette raison des plus remarquables. De forme allongée, acuminée, elle se compose de dix tours de spire qui croissent lentement et qui sont réunis par une suture des plus simples, les bords de ces tours sont droits, lisses, sans convexité, et la suture n'apparaissant que comme une faible ligne serpentant sur la surface totale, il s'en suit que la coquille semble non interrompue et toute d'un seul jet. Le dernier tour occupe à peu près la moitié de la longueur totale, il est imperforé, cependant une légère dépression allongée, recouverte en partie par une réflexion du bord gauche de l'ouverture, paraît former une cavité qui, à première vue, paraît simuler une perforation. La forme acuminée de la coquille entière atténue légèrement la forme semi-pointue, semi-obtuse du sommet que l'on peut considérer néanmoins comme aigu. L'ouverture est entière, allongée, piriforme, les deux bords, colorés en brun assez foncé, se rejoignent bien ; le gauche se dédouble pour se réfléchir sur la columelle, il vient ensuite s'épanouir à la base sur le dernier tour. Ce n'est pas seulement la forme extrêmement gracieuse de l'*Eulima elegantissima* qui doit la faire considérer comme une coquille remarquable, c'est aussi l'éclat excessif avec lequel elle brille et sa transparence égale à celle du plus pur cristal. La vivacité de son éclat est due à son poli parfait, tout autant qu'à sa limpidité. Chacun des tours est orné de deux rubans fauves qui suivent la spire, la nuance est assez vigoureuse

sur le milieu de chaque ruban, elle se fond un peu sur les
bords et se lave presque dans la teinte cristalline. Il en est
de même pour des taches allongées qui, suivant une direction
oblique, inclinée vers la gauche, relient les rubans entre eux.
Cet ensemble donne à l'*Eulima elegantissima* une certaine
apparence marbrée. Les environs de la suture paraissent
épaissis au dedans ; sur les derniers tours surtout, il semble
s'y trouver comme un petit ruban presque opaque, qui blanchit
légèrement en cet endroit l'aspect vitré du test.

LXV. — Eulima Elodia.

Pl. VI, fig. 6.

*Testa imperforata, elongata, nitida, lactea, subopaca : spira co-
noidea, apice obtusiuscula ; anfractibus 11-12 lente crescentibus,
sutura simplici junctis, ultimo 2/5 testæ æquante ; apertura cordiformi, subobliqua, basi rotundata, marginibus subincrassatis, columellari reflexiusculo.*

Long. 0,005. Diam. 0,0015.

Cette espèce est, aussi bien que les autres *Eulima*, gracieuse
élégante, charmante de forme, de pureté et d'éclat. Elle est
très allongée, son côté droit est à peu près rectiligne, le gauche suit une courbe bien convexe, ce qui n'empêche pas la
coquille de paraître conique ; son sommet quoique très légè-
ment obtus, nous pourrions dire presqu'aigu, n'altère en rien
sa forme acuminée. Elle est composée de onze ou douze tours
de spire qui croissent très lentement ; le dernier qui est imperforé égale environ les deux cinquièmes de la longueur totale.
Ces tours sont unis par une suture simple que nous pourrions
appeler une ligne très nette à peine imprimée. L'ouverture
légèrement oblique est cordiforme, les bords en sont bien
réunis à la base par une courbe sur laquelle peut se mesurer
sa plus grande largeur. Sans être tranchants, ces bords sont
à peine épaissis, celui de gauche s'élargit pour se répandre
d'un côté sur le dernier tour, de l'autre sur la columelle, ceci
l'élargit sensiblement, et le fait paraître réfléchi. Sous certains

jours l'*Eulima Elodia* qui est d'un blanc laiteux, paraît presqu'opaque, cependant elle est éclatante et assez diaphane pour qu'avec une direction convenable de la lumière on puisse parfaitement apercevoir tous les détails de sa structure intérieure et s'étonner d'une apparence de double suture. On peut remarquer en effet au dessus de la suture réelle un ruban d'un blanc plus vif qui lui est parfaitement parallèle et qui la simule exactement. En suivant cette apparence et en même temps la suture, jusqu'à l'angle de l'ouverture sur le dernier tour, on se rend compte du fait et l'illusion se dissipe naturellement.

LXVI. - EULIMA OPALINA.

Pl. VI, fig. 7.

Testa imperforata, elongatula, opaca, nitida, opalina, rubro nubeculata ; spira conica, attenuata, apice subacuta ; anfractibus decimis lente crescentibus, sutura simplici junctis ; ultimo 1/3 testæ æquante, basi valde depresso ; apertura subquadrangulari, marginibus leviter incrassatis, columellari reflexo.

Long. 0,0035. Diam. 0,0018.

C'est encore sous un aspect des plus agréables que se présente cette espèce. Elle est assez allongée, moins cependant que plusieurs de celles qui précèdent, et c'est en raison de sa largeur qui est bien plus considérable. Elle est franchement conique et pour cette cause paraît bien acuminée, son sommet du reste est aigu. Sa spire se compose de dix tours qui croissent lentement, ils s'élargissent plus qu'ils ne s'élèvent. Le dernier tour, qui est à peu près égal au tiers de la longueur de toute la coquille, est imperforé et subit une très-forte dépression à sa base. Une suture simple, semblable à celle des espèces précédentes, unit ces dix tours. L'ouverture est subquadrigonale, aiguë vers le point de jonction du bord droit avec l'avant dernier tour. Le bord droit est simple, légèrement épaissi ; en se réfléchissant il rejoint sans interruption le bord gauche, celui-ci, par suite de cette réflexion s'élargit et s'échappe, d'un côté sur le dernier tour en dehors, et de l'autre, sur la columelle en dedans. Cette espèce est presqu'opaque, colorée en une nuance d'opale, qui se trouve plus prononcée sur les derniers tours. Sur ceux du milieu, des nuages carmin longent la spire en se noyant dans la teinte générale.

LXVII. — Sigaretus Souverbiei

Pl. VI, fig. 8 — 9.

Testa umbilicata, superne convexa, subtùs depressa, fulvescente ; strigis irregularibus, transversis, aliisque longitudinalibus, minoribus reticulata ; spira brevi ; anfractibus tribus, celeriter crescentibus, ultimo permagno ; apertura ampla, ad columellam angulari ; marginibus tenuibus, dextro dilatato, sinistro valde reflexo.

Alt. 0,0035. Lat. 0,003. Diam. 0,0018.

C'est au savant conservateur du muséum d'histoire naturelle de Bordeaux que nous dédions cette *Méléagrinicole*, et nous sommes heureux de lui offrir ce témoignage de sympathie.

Cette petite coquille, de même que ses congénères, affecte une forme arrondie, convexe en dessus, déprimée en dessous. Elle est de couleur jaunâtre; l'ouverture est grande, circulaire, angulaire au point de jonction du bord droit sur le dernier tour. Ce bord se dilate pour se joindre à une réflexion considérable de la columelle, ces deux extensions forment ainsi un angle qui se détache au dehors de la spire. D'assez fortes stries irrégulières courent transversalement, elles sont croisées par d'autres stries longitudinales, régulières, fines et onduleuses, leur ensemble forme un réseau sur la surface de la coquille, celle-ci se compose de trois tours de spire qui croisent fort rapidement, et dont le dernier est de beaucoup plus grand que tous les autres réunis.

LXVIII. — Cerithium Moreleti.

Pl. VI, fig. 10.

Testa turrita, castaneo-fusca, apicem versus albido flavescente : an-

fractibus undecimis, transversim triliratis, inter liras longitudinaliter et late striatis, ultimo 1/3 longitudinis æquante ; apertura ovata, margine simplici, crenulato, in canalem brevissimum producto.

Long. 0,008. Diam. 0,0015.

M. Deshayes nous ayant signalé cette coquille comme des plus intéressantes en ce qu'elle est presque analogue à une espèce fossile du bassin de Paris, nous avons pensé qu'il y avait alors quelque raison de lui donner un nom ayant quelque retentissement en conchyliologie. C'est celui de notre bien cher ami, Arthur Morelet, que nous avons choisi.

Le *Cerithium Moreleti* est une petite coquille allongée, turriculée, dont la spire a onze tours. Les premiers paraissent lisses, et légèrement convexes ; ils deviennent divisés par trois cordons égaux qui sont séparés par des sillons proportionnellement distants. Ces sillons sont largement striés ; les stries sont presque obliques et sont plus vivement accusées le long des cordons. Le dernier tour qui forme à peu près le tiers de la coquille entière, indépendamment des trois cordons ordinaires, en possède deux de plus ; ces derniers sont plus petits que les autres, l'un part à peu près du point où le péristome se rattache par un angle assez aigu au dernier tour, l'autre semble sortir de l'ouverture à une faible distance du précédent. Le système de stries se continue dans les deux petits sillons qui se trouvent entre le troisième et le quatrième cordon ainsi qu'entre le quatrième et le cinquième ; sur ces parties elles paraissent même plus profondes. Au delà, au contraire, sur la base de la coquille elles sont à peine visibles, et rentrent très obliquement dans l'ouverture. La suture se distingue facilement entre les derniers tours, au-dessus du troisième cordon, elle apparaît comme bordée par un cordon plus petit que les autres qui diminue la largeur du sillon régnant entre le dernier cordon d'un tour et le premier du tour suivant. L'ouverture est légèrement ovale, anguleuse aux extrémités de son grand axe, le bord gauche se recourbe pour former un canal fort court. Le bord droit est simple, légèrement tranchant, il est festonné par cinq crénelures qui sont formées par les empreintes des cordons. La couleur de ce *Cerithium* est d'un brun foncé, pâlissant sur les premiers tours, au sommet elle n'est plus que d'un jaune presque blanc.

LXIX. — Cerithium Kanoni.

Pl. VI, fig. 11.

Testa turrita, albida, nitida, maculis longitudinalibus, elongatis, obliquis, rubro-fuscis, marmorata; anfractibus undecimis, transversim triliratis, inter liris longitudinaliter et late striatis, ultimo 1/3 longitudinis æquante; apertura subovata, margine simplici, crenulato, in canalem brevissimum producto.

Long. 0,005. Diam. 0,0015.

Cette fort jolie espèce est, comme la précédente, turriculée, composée aussi de onze tours de spire dont le dernier équivaut au tiers environ de la longueur totale. Ces tours sont ornés de trois larges cordons, subaigus, subarrondis, séparés par des sillons très étroits, il se trouve deux cordons supplémentaires à la base. Les sillons sont finement striés. Ces tours sont unis par une suture des plus simples, apparente en ce que l'espace qui sépare le dernier cordon d'un tour, du premier sur le tour suivant, est plus large que les autres. L'ouverture est subcirculaire, petite, le bord droit simple et crénelé rejoint le bord gauche pourvu d'un canal fort court et oblique, ce dernier bord est lui-même légèrement oblique. La columelle est recourbée ayant une partie rentrante qui, par sa concavité, donne à l'ouverture son caractère arrondi. La couleur de la coquille est d'un blanc laiteux, elle est coupée longitudinalement de bandes rousses qui chevauchent obliquement et irrégulièrement sur les cordons, simulant des encadrements, ce qui marbre fort gracieusement l'ensemble. Ce *cerithium* a quelque rapport avec le précédent; il en diffère en ceci : ses cordons sont beaucoup plus forts, plus rapprochés les uns des autres, les sillons qui les séparent sont bien plus étroits, les stries qui s'aperçoivent dans les sillons sont plus fines, et se font remarquer surtout sur le fond des sillons.

Nous avons dédié cette espèce au capitaine Kanon.

LXX. — Cerithium Destrugesi.

Pl. VI, fig. 12.

Testa turrita elongata, primum castanea, dein flava; fusco tœniata; (anfractibus quatuordecimis, sutura simplici junctis), quadriliratis, liris inæqualibus, margaritis subacutis ornatis, inter margaritas sulcis longitudinalibus; ultimo anfractu brevi, depresso; basi unilirata, longitudinaliter striata; apertura quadrangulari, margine dextro crenulato, in canalem ad sinistram producto.

Long. 0,006. Diam. 0,0018.

C'est au docteur Alcide Destruges, en témoignage de gratitude pour les recherches qu'il opère à notre intention au centre de l'Amérique, recherches qui ont déjà produit quelques fruits; que nous dédions cette charmante et curieuse espèce. Comme les précédentes, c'est une coquille turriculée, allongée, composée de quatorze tours de spire réunis par une suture simple et crénelée. Chacun de ces tours est orné de quatre cordons inégaux. Le premier est fort petit, le second beaucoup plus fort, puis vient le troisième peut-être un peu plus gros que le premier, enfin le quatrième qui par sa dimension est supérieur aux trois autres. Ces cordons sont séparés par des sillons très étroits. Ils sont divisés par une série de perles subaiguës dont la succession semble former des côtes longitudinales séparées par des intervalles assez larges. Ces perles sont à peine sensibles sur le troisième cordon et n'apparaissent pas pour ainsi dire sur le premier. Ce sont celles du quatrième qui, en se prolongeant, festonnent la suture. L'ouverture est subquadrangulaire, le bord droit est simple, crénelé, il rejoint le gauche en prenant tout à coup une direction perpendiculaire à celle qu'il suivait d'abord pour former un canal légèrement obli-

que, court et quelque peu renversé vers la base. Le bord
gauche assez fortement contourné rejoint la columelle légèrement courbe. La couleur de ce *Cerithium* est d'un beau
jaune, un ruban brun marron contourne la spire au-dessus
et au-dessous de la suture.

LXXI. — TRIPHORIS CUCULLATUS.

Pl. VI, fig. 13.

*Testa elongato-turgidula, apice acuminata, alba, fusco mar-
morata ; anfractibus septedecimis, sutura simplici junctis; prioribus liris duobus spiralibus, margaritis notatis ; sequentibus
inæqualiter triliratis ; ultimo margaritarum seriebus quinis vel
sextis ornato, testæ 1/4 adæquante ; apertura subcirculari in canalem brevem, obliquum, clausum, desinente.*

Long. 0,0075. *Diam.* 0,0019, 0,002.

Très curieuse espèce, allongée, un peu ventrue, très acuminée, de couleur blanche marbrée de brun, se fondant en
des nuances légères, quelquefois d'un brun foncé, marbrée
par des atténuations de teintes. Cette fort jolie coquille est
composée de dix-sept tours de spire qui sont réunis par une
suture simple, assez profonde. Le dernier de ces tours équivaut au quart environ de la longueur totale de la coquille. Ils
sont ornés, les premiers, de deux cordons, puis de trois, le
dernier de cinq et même de six. Sur les tours ornés de trois,
le cordon du milieu est plus petit que les deux autres. Ils
sont séparés par des sillons assez étroits, et sont divisés par
une série de perles arrondies du plus gracieux effet. L'ouverture est presque circulaire et présente un caractère assez
singulier. Le bord gauche, simple et crénelé, décrit les trois
quarts environ d'un cercle et vient, en passant par dessus la
columelle, retomber sur la base de la coquille ; en cet endroit
il forme un angle très-aigu suivant lequel il se rejette en arrière, suit une autre courbe et produit un canal arrondi fort
court qui se trouve ainsi presqu'entièrement recouvert.
Le bord droit s'arrondit lui-même en s'inclinant vivement

pour rejoindre la base sur laquelle il termine la courbure de l'ouverture.

LXXII. — NASSA LECADREI.

Pl. VI, fig. 14.

Testa fusiformi, solida, costis longitudinalibus, latis, et strigis spiralibus satis validis clathrata; castaneo-violacea, rubro et albo fasciata; anfractibus septenis, rapide crescentibus, sutura crenulata junctis, ultimo maximo, testœ dimidiam partem œquante, in canalem latum obliquum desinente; apertura ovata, labro subacuto, superne emarginato; columella latissima arcuata, subperforata.

Long. 0,008. Diam. 0,0041.

Nous avons pensé ne pouvoir mieux clore cette série d'espèce nouvelles *Méléagrinicoles*, qu'en dédiant à l'éminent Président de la Société Havraise d'études diverses, celle dont il s'agit ici. C'est l'une des plus remarquables que nous ayons rencontrée dans les retraites fournies par la *Méléagrine*.

Le *Nassa Lecadrei* est une fort jolie coquille fusiforme, assez ventrue. Elle est de couleur brun-violacé, divisée par des bandes blanches et rousses. Des côtes longitudinales, larges et assez proéminentes, séparées par des espaces qui les égalent à peu près, ornent les tours de spire. Des stries, assez régulières, assez saillantes, et plus accusées sur la base courent dans le sens de la spire, passant par dessus les côtes et franchissant les intervalles qui séparent celles-ci. Le nombre des tours de spire est de sept, séparés par une suture des plus simples que les côtes festonnent, le dernier très-renflé égale en longueur la moitié de la coquille environ. L'ouverture est ovale légèrement oblique, le bord droit presque tranchant est pourvu au dedans d'un épaississement ponctué par une série de petites dents, il se contourne en un canal faiblement sinueux dont le fond se trouve tout à fait à gauche; et par là, il rejoint l'autre bord. Celui-ci, plissé à l'intérieur, recouvre largement la columelle et la base par un épanouissement qui va se terminer vers une fissure très arrondie, venant d'assez loin au dedans, et dont les points d'union avec chacun des bords sont marqués par des pointes assez aiguës. La columelle, extrêmement dilatée au dehors, gonflée et contournée, paraît ombiliquée par suite de l'épanouissement du bord gauche qui recouvre une portion concave de son contour.

Les recherches que nous avons poursuivies sur de nouvelles valves de *Méléagrines*, depuis l'achèvement de ce travail, nous ont mis en possession d'un grand nombre d'espèces qui ne figurent pas sur la première liste dressée par M. Deshayes. En outre, nous attendons de Panama de nouveaux éléments d'études qui nous permettront d'ajouter bien certainement à ce catalogue ; il deviendra donc nécessaire d'en dresser un nouveau, et ce ne sera pas un des résultats les moins curieux de nos recherches que la constatation du nombre énorme de mollusques parasites qui vivent sur la Méléagrine, et souvent aux dépens de son propre test.

Nous considérons comme un devoir de remercier, en terminant, les personnes qui ont bien voulu s'associer à nos travaux en nous fournissant avec une rare obligeance les matériaux précieux où nous avons puisé. Que MM. de Zeltner, consul de France à Panama ; Huc et Lamarque ; Louis Lequellec, armateurs à Bordeaux ; Godefroid, capitaine du *Courrier de Colon ;* Guillard, capitaine du *Phocéen*, et Kannon, capitaine de la *Marianna*, veuillent donc bien agréer, ici, l'expression de notre vive et sincère gratitude.

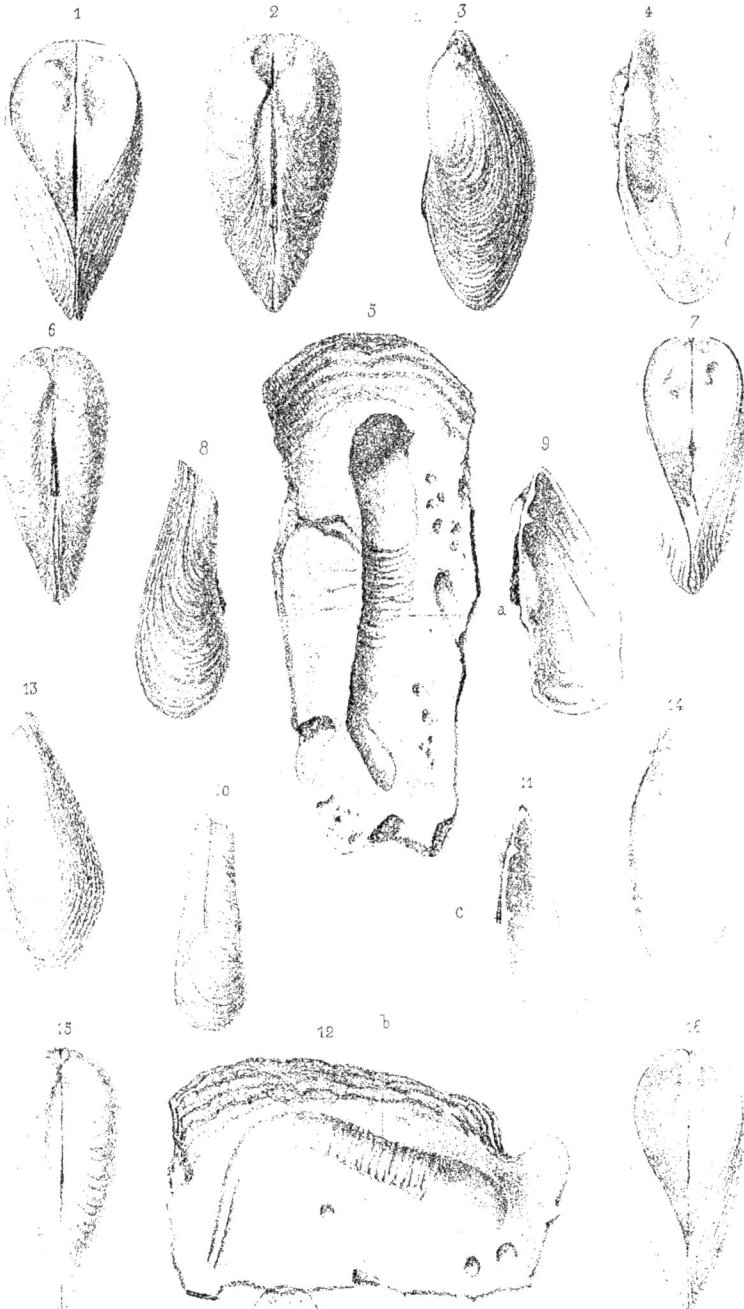

P. Lackerbauer lith.

Imp. Becquet, Paris.

1. 4. Gastrochæna denticulata Deshayes. | 6 11. Gastrochæna Folini Deshayes.
5. Perforation du Gast. denticulata. | 12. Perforation du Gastro Folini.
13 16. Gastrochæna chemnicia.

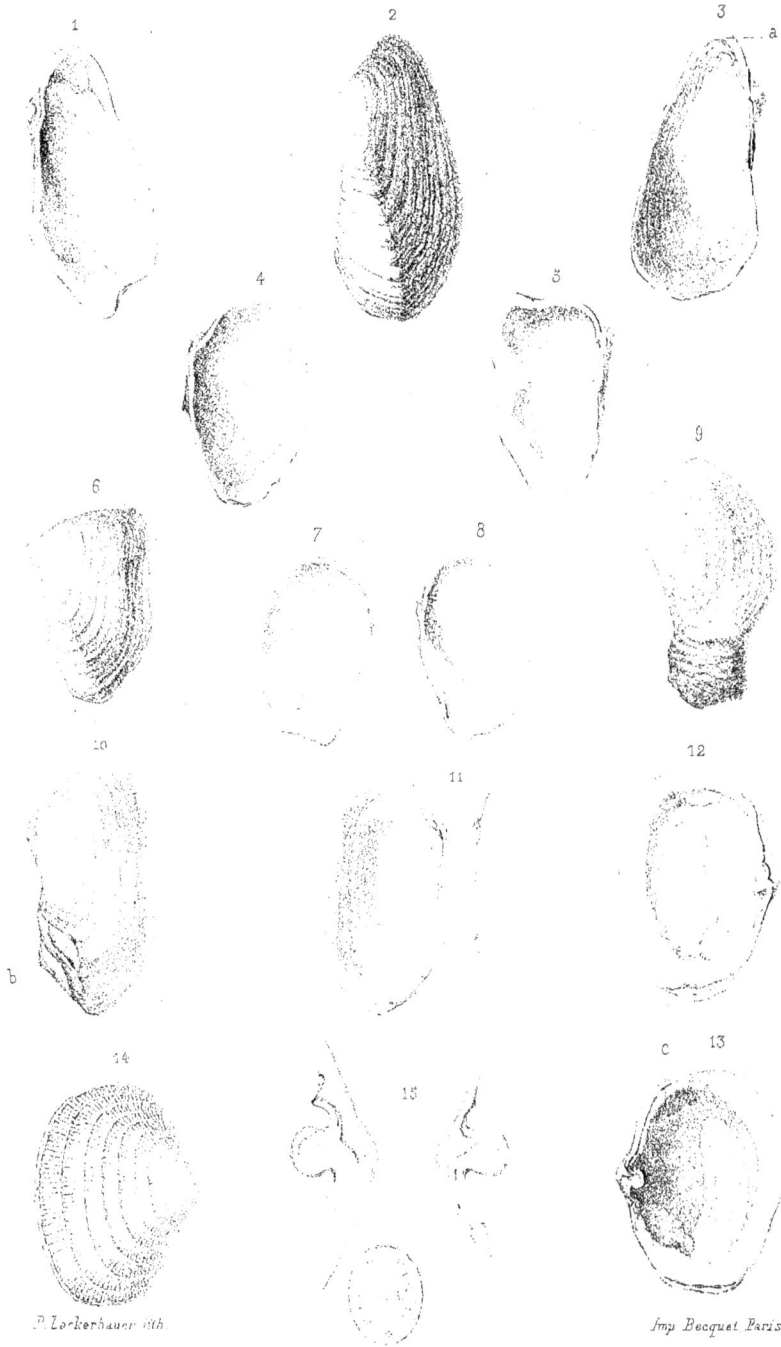

P. Lockerbauer lith.   Imp. Becquet Paris.

1 – 3. Saxicava initialis. | 7 – 9. Sphoenia
4 – 6. S ——— acuta   10 – 11. S. ——— pacificensis
12 – 13. Cumingia Moulinsii.

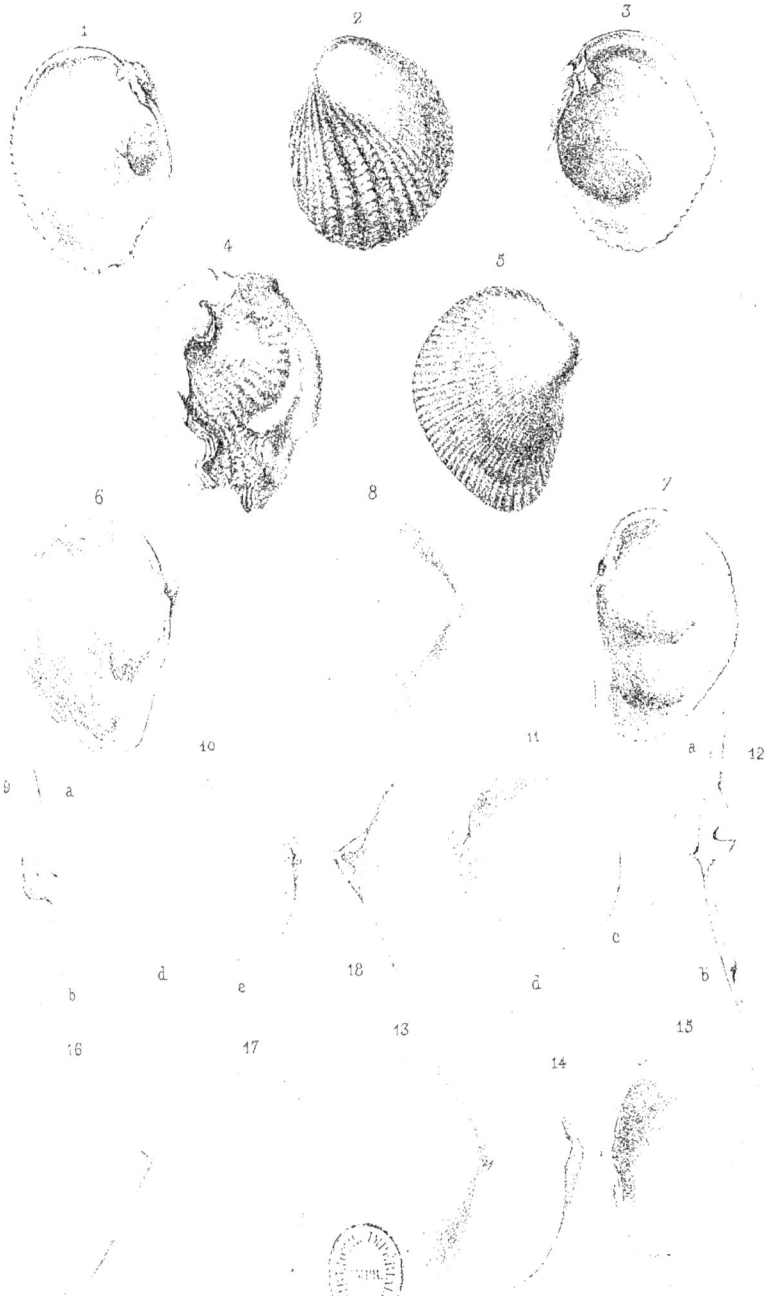

L.^{id} de Roin del.̃   Imp. Becquet. Paris

1_4. Petricola anachoreta.   8_12. Erycina (Kellia) biocculta.
5_6. P_____ venusta   13_15. E._____ _____ proxima.
16_8. Erycina triangularis.

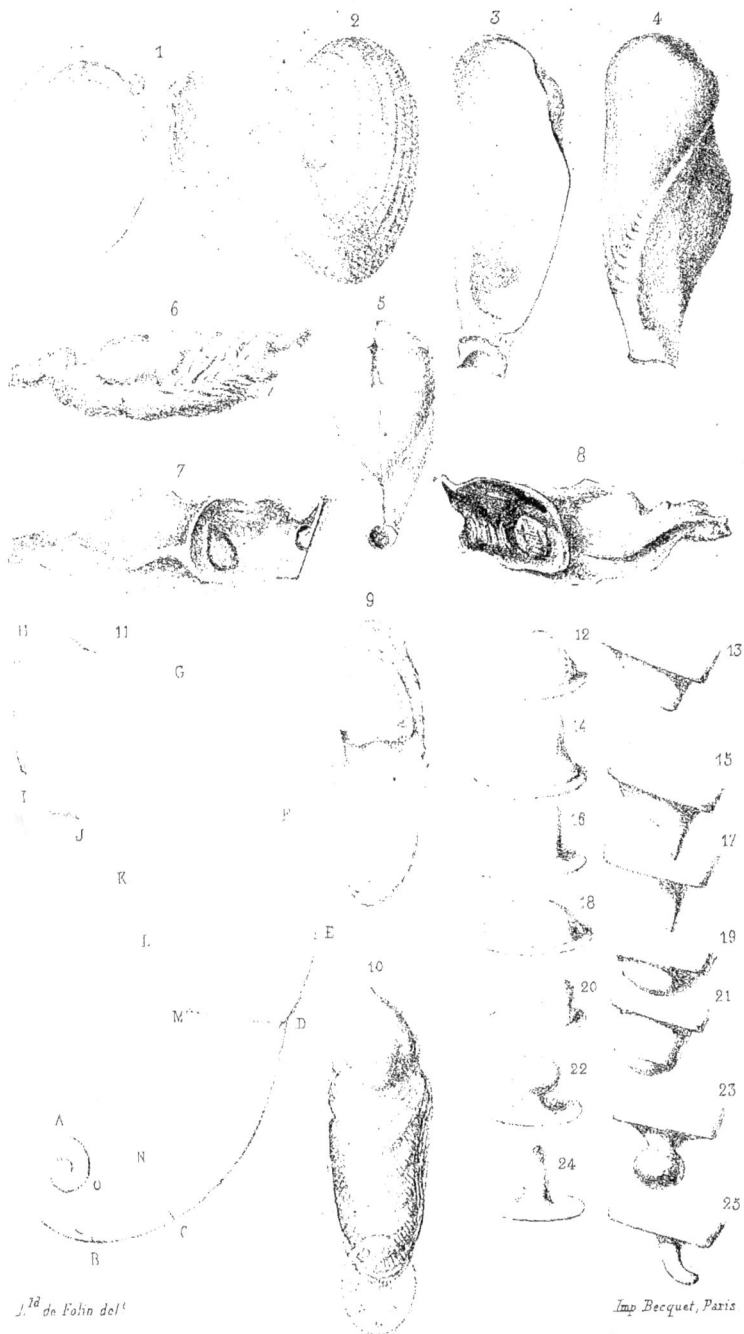

J.^{ld} de Fohn del.t   Imp Becquet, Paris

1 . 2 . Cypricardia Noemia.
3 _ 5 . Modiola (Lithodomus) excavata.
6 . 8 . Malleus obvolutus .

9 _ 10 . Crepidula Deshayesii.
11 . Les differents âges du Cœcum.
12 _ 25 . Diverses formes du Septum.

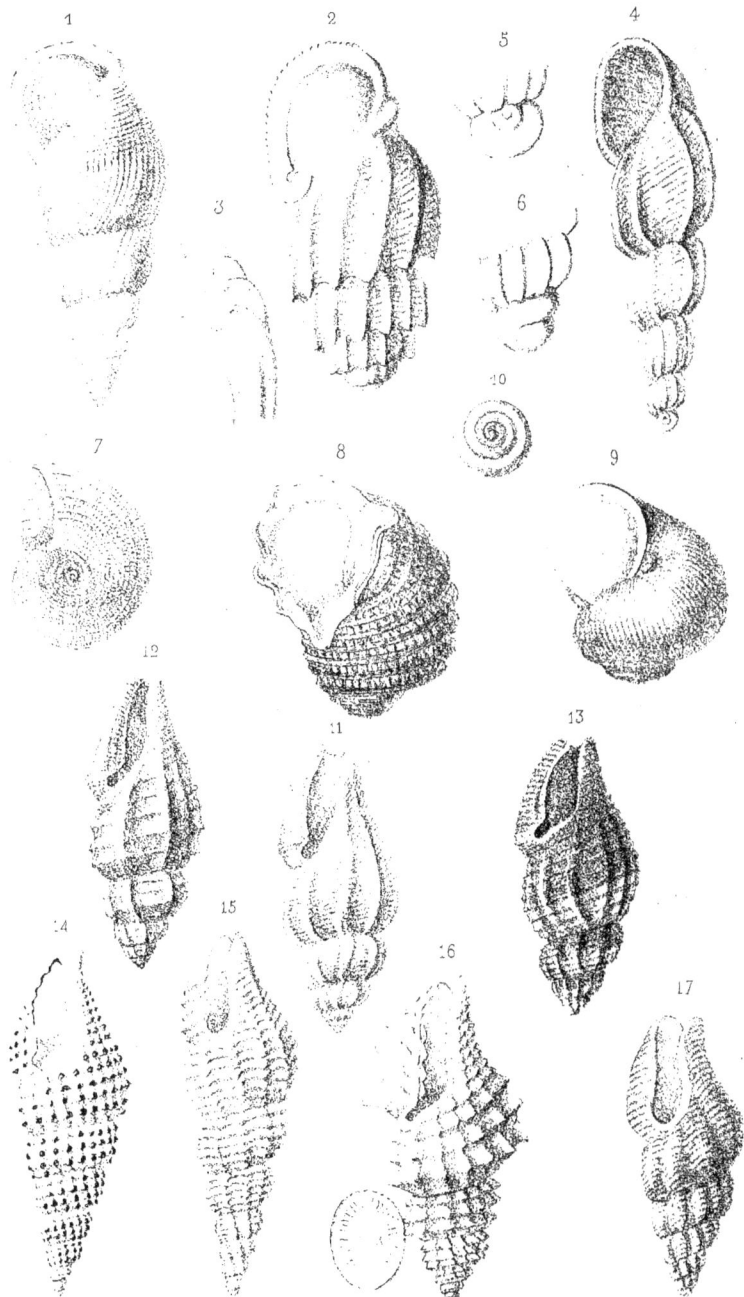

Lt de Folin del.

Imp. Becquet, Paris.

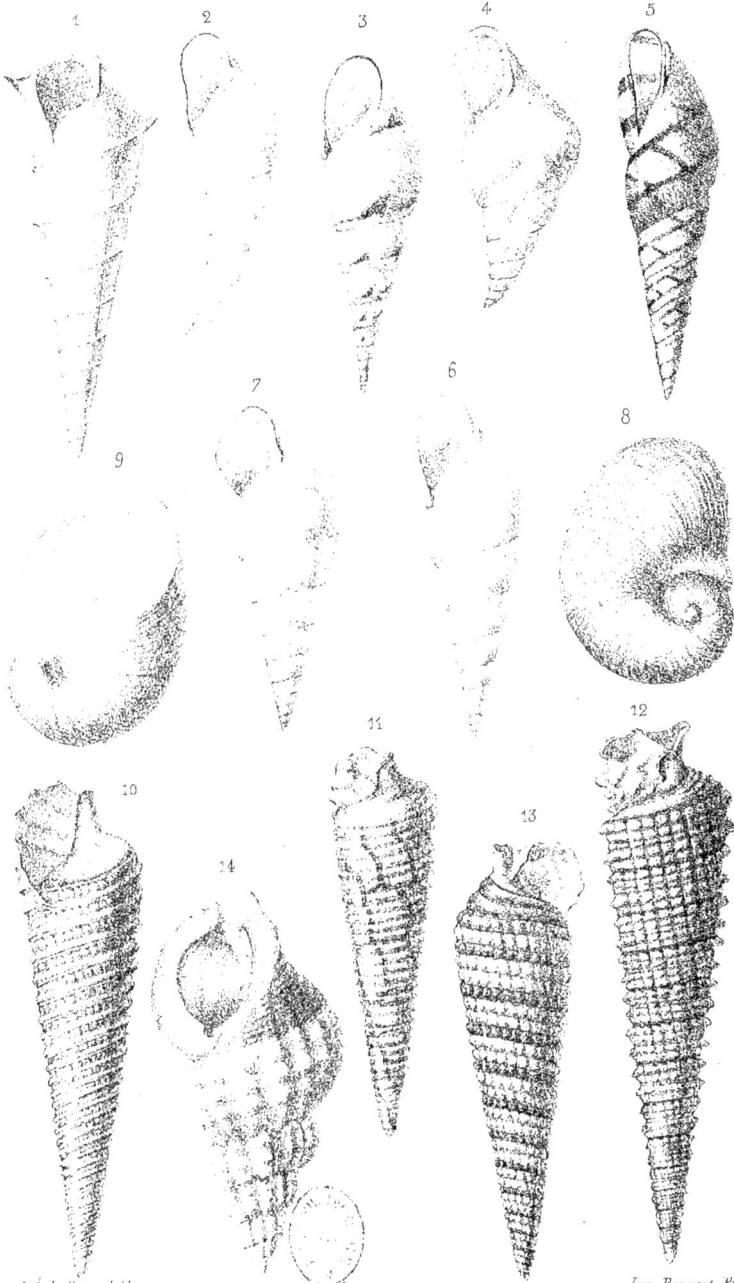

J. ᵈ de Folin del!
Imp .Becquet, Paris.

1. Chemnitzia Rangiana.
2. Eulima adamantina.
3. E. ___ proca.
4. E. ___ gibba

5. Eulima elegantissima.
6. E. ___ Elodia.
7. E. ___ Opalina.
8.9. Sigaretus Souverbiei.
14. Nassa Lecadrei.

10. Cerithium Moreleti.
11. C. ___ Kanoni.
12. C. ___ Destrugesi.
13. Triphoris cucullatus.

www.ingramcontent.com/pod-product-compliance
Lightning Source LLC
Chambersburg PA
CBHW050600210326
41521CB00008B/1057